全国高等农林院校产教融合教材
全国高等学校新农科系列教材

花卉学

乔永旭　张永平　李素华　主编

化学工业出版社

·北京·

内容简介

《花卉学》一书根据产教融合育人的需求，从大学生对花卉产业链的认知角度构建理论和生产实训等内容。全书按照花卉产前、产中、产后分为上篇、中篇和下篇。上篇包括概论、花卉的实用分类、花卉的识别和分类实训；中篇包括花卉的繁殖及育苗、花卉的实生繁殖和育苗实训、花卉的无性繁殖和育苗实训、花卉的栽培管理、花卉的栽培管理实训；下篇包括花卉的应用、花坛的设计实训、插花作品的创作实训、花卉的采后处理、花材的采后处理和贮运实训、花卉的销售、花卉的销售实训。本书各章节按照章节概要、课程育人、专业知识阐述、知识结构图到练习题进行编写，架构清晰、内容完整。利于培养精通花卉产业产前、产中和产后各环节的专业型、技能型和复合型人才。

本书适用于高等院校园林、园艺、风景园林、园艺教育等专业师生和从事相关领域工作的读者。

图书在版编目（CIP）数据

花卉学/乔永旭，张永平，李素华主编.—北京：化学工业出版社，2023.8（2025.2重印）
ISBN 978-7-122-43579-8

Ⅰ.①花… Ⅱ.①乔… ②张… ③李… Ⅲ.①花卉-观赏园艺 Ⅳ.①S68

中国国家版本馆 CIP 数据核字（2023）第 099061 号

责任编辑：张林爽　　　　　　　　　　　文字编辑：李娇娇
责任校对：李　爽　　　　　　　　　　　装帧设计：韩　飞

出版发行：化学工业出版社（北京市东城区青年湖南街13号　邮政编码100011）
印　　装：北京科印技术咨询服务有限公司数码印刷分部
787mm×1092mm　1/16　印张13¼　字数208千字　2025年2月北京第1版第3次印刷

购书咨询：010-64518888　　　　　　　　售后服务：010-64518899
网　　址：http://www.cip.com.cn
凡购买本书，如有缺损质量问题，本社销售中心负责调换。

定　价：48.00元　　　　　　　　　　　　　　　　　　版权所有　违者必究

《花卉学》编写人员

主　编 乔永旭（宿迁学院）
　　　　　张永平（宿迁学院）
　　　　　李素华（宿迁学院）

参　编 蒋亚华（宿迁学院）
　　　　　刘　宇（宿迁学院）
　　　　　张　楠（宿迁学院）
　　　　　王　芳（宿迁学院）
　　　　　赵　荣（宿迁学院）
　　　　　徐　倩（江苏苏北花卉股份有限公司）
　　　　　赵兴明（河南省交通规划设计研究院股份有限公司）
　　　　　郑　萍（江苏新境界农业发展有限公司）
　　　　　乔亚西（江苏苏北花卉股份有限公司）
　　　　　王冬云（大千生态环境集团股份有限公司）

审　稿 张丽华（宿迁学院）
　　　　　王　力（宿迁学院）

前言
PREFACE

产教融合是应用型高校办学的重要方向，教材建设是学校基本建设的重要内容，开展校企共建专业教材对于提高学生的专业理论、专业知识和双创技能意义重大。

《花卉学》是园林、园艺和风景园林等专业的核心课程，为了提高课程的育人效果，培养理论水平高、专业技能强、创新意识好的应用型人才，我们团队吸纳了企业生产一线的技术人员的建议，调整了内容结构，编制了这本教材，主要特点如下：

1. 以花卉产前、产中和产后为逻辑轴线构建理论内容

花卉产前内容为花卉的实用分类；花卉产中内容为花卉的繁殖及育苗、花卉的栽培管理；花卉产后内容为花卉的应用、花卉的采后处理和花卉的销售。内容较全，涵盖了花卉产业链中几乎全部的重要问题，利于培养从事花卉产业链各个环节各项工作的全能型人才。

2. 以花卉产前、产中和产后为时间轴线设置生产实训

为了培养学生的专业技能，按照花卉产前、产中和产后的顺序设置了生产实训，先让学生认识花卉并将其分类，然后再繁殖花卉和生产花卉，最后进行花卉的应用。这符合人们对事物认识的规律，利于学生接受新知识、培养新技能。教师采用该方式授课，易获得学生的认同感，提高授课效果。

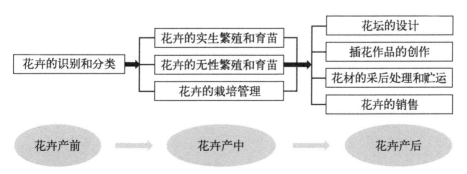

3. 教材编写团队有多名企业一线技术人员，行业经验丰富

组织企业生产一线人员编写教材，突出了教材的应用性，利于培养学生的专业技能，培养的人才易得到企业和行业相关人员的认可。

第一章由李素华、赵兴明编写，第二章由李素华、蒋亚华、王冬云编写，第三章由李素华、乔永旭、赵荣编写，第四章由乔永旭、张永平编写，第五章由张永平、乔永旭编写，第六章由张永平、乔永旭编写，第七章由徐倩、刘宇编写，生产实训部分由乔永旭、张永平、李素华、张楠、王芳、郑萍、乔亚西等编写。全书由乔永旭统稿，张丽华、王力主审。

本教材得到宿迁学院重点教材项目（2021ZDJC06）、一流专业和重点建设学科项目（2021ZDJS04）、"宿迁英才"雄英计划引进人才项目【宿人才（2022）08号】及宿迁市科技计划现代农业项目（L202208）等资助，得到宿迁学院教务处，特别是教材科的大力支持与关注，在此表示衷心感谢。

由于编者水平有限，书中不妥之处在所难免，恳请读者批评指正！

编　者

上篇：花卉产前

第一章 概论 ... 3

第一节 花卉的范畴及花卉学 ... 3
一、花卉（狭义） ... 3
二、花卉（广义）及范畴 ... 4
三、花卉学 ... 4
四、花卉业 ... 4

第二节 花卉的重要性 ... 5
一、花卉在生态环境建设中的重要性 ... 5
二、花卉在人们精神生活中的重要性 ... 6
三、花卉在国家经济发展中的重要性 ... 6

第三节 国内外花卉业发展概况 ... 8
一、我国花卉产业发展概况 ... 8
二、国外花卉产业发展概况 ... 10

【本章知识结构图】 ... 12

【练习题】 ... 12

第二章 花卉的实用分类 ... 13

第一节 花卉的分类系统和意义 ... 13
一、花卉的分类系统 ... 13

二、花卉分类的意义 ———————————————— 14
　第二节　花卉实用分类的方法 ———————————— 14
　　一、按生态习性分类 ———————————————— 14
　　二、按观赏部位分类 ———————————————— 18
　　三、按形态分类 —————————————————— 18
　　四、按栽培类型分类 ———————————————— 22
　【本章知识结构图】 ————————————————— 22
　【练习题】 —————————————————————— 23
　生产实训一　花卉的识别和分类 ———————————— 23

中篇：花卉产中

第三章　花卉的繁殖及育苗 ———————————— 29

　第一节　花卉的有性繁殖 —————————————— 29
　　一、有性繁殖的概念 ———————————————— 29
　　二、种子萌发需要的环境条件 ———————————— 30
　　三、种子播前处理和常见的播种方法 ————————— 30
　第二节　花卉的无性繁殖 —————————————— 34
　　一、扦插繁殖 ——————————————————— 34
　　二、压条繁殖 ——————————————————— 35
　　三、嫁接繁殖 ——————————————————— 38
　　四、组织培养繁殖 ————————————————— 43
　　五、分生繁殖 ——————————————————— 43
　　六、孢子繁殖 ——————————————————— 45
　第三节　花卉的育苗 ———————————————— 45
　　一、概念 ————————————————————— 45
　　二、育苗的容器 —————————————————— 46
　　三、育苗基质的种类 ———————————————— 46

四、育苗的设施类型 ———————————— 47
　　五、育苗的基本技术 ———————————— 47
【本章知识结构图】 ———————————————— 49
【练习题】 ———————————————————— 50
生产实训二　花卉的实生繁殖和育苗 ———————— 50
生产实训三　花卉的无性繁殖和育苗
　　　　　　（以扦插繁殖为例）———————— 52

第四章　花卉的栽培管理　　　　　　　　55

第一节　花卉的主要栽培方式和技术 ———————— 55
　　一、花卉的露地栽培 ———————————— 55
　　二、盆栽花卉的栽培管理 —————————— 69
　　三、设施花卉的无土栽培管理 ———————— 74
第二节　一二年生花卉的栽培管理 ———————— 85
　　一、一二年生花卉的概念 —————————— 85
　　二、一二年生花卉的特点 —————————— 86
　　三、常见的一年生花卉 ——————————— 88
　　四、常见的二年生花卉 ——————————— 88
　　五、代表花卉——羽衣甘蓝的栽培管理技术 —— 88
第三节　宿根花卉的栽培管理 —————————— 90
　　一、宿根花卉的概念和分类 ————————— 91
　　二、宿根花卉的栽培特点 —————————— 91
　　三、常见的宿根花卉 ———————————— 92
　　四、代表花卉——非洲菊的设施栽培管理技术 — 93
第四节　球根花卉的栽培管理 —————————— 96
　　一、球根花卉的概念和分类 ————————— 96
　　二、球根花卉的栽培特点 —————————— 97
　　三、原产地和生长环境 ——————————— 99
　　四、代表花卉——百合节能日光温室栽培技术 — 99

第五节　兰科花卉的栽培管理 ………………………… 103
　　一、兰花的形态特征 …………………………………… 103
　　二、兰花的分类 ………………………………………… 105
　　三、兰花的生态习性 …………………………………… 106
　　四、代表花卉——设施蝴蝶兰周年高效栽培技术 …… 106

第六节　室内花卉的栽培管理 ………………………… 109
　　一、室内花卉的概念和分类 …………………………… 109
　　二、室内花卉栽培需要的环境条件 …………………… 110
　　三、栽培特点 …………………………………………… 111
　　四、代表花卉——设施盆栽红掌周年高效
　　　　栽培技术 …………………………………………… 112

第七节　多肉植物的栽培管理 ………………………… 115
　　一、多肉植物的概念和分类 …………………………… 115
　　二、需要的环境条件 …………………………………… 116
　　三、栽培特点 …………………………………………… 117
　　四、代表花卉——景天科多肉植物的栽培
　　　　管理技术 …………………………………………… 118

【本章知识结构图】 ………………………………………… 121
【练习题】 …………………………………………………… 122
生产实训四　花卉的栽培管理（以地栽花卉为例） ……… 123

下篇：花卉产后

第五章　花卉的应用 ………………………………………… 129

第一节　花卉在园林中的应用 ………………………… 129
　　一、花坛 ………………………………………………… 129
　　二、花境 ………………………………………………… 136
　　三、花丛 ………………………………………………… 142

四、花池 ·············· 143
　　五、花台 ·············· 143
　　六、立体绿化 ·············· 143
　　七、水景园 ·············· 144
　　八、地被 ·············· 144
　　九、专类花园 ·············· 145
　第二节　盆花装饰 ·············· 145
　　一、盆花装饰的概念和特点 ·············· 145
　　二、盆花的类型 ·············· 146
　　三、盆花装饰的原则 ·············· 147
　　四、盆花装饰的方法 ·············· 148
　第三节　插花 ·············· 149
　　一、插花的概念和特点 ·············· 150
　　二、插花类型 ·············· 150
　　三、插花的基本用品 ·············· 154
　　四、插花的基本技能 ·············· 157
　　五、插花的基本理论 ·············· 159
　　六、插花的基本步骤 ·············· 167
　【本章知识结构图】 ·············· 168
　【练习题】 ·············· 168
　生产实训五　花坛的设计 ·············· 169
　生产实训六　插花作品的创作 ·············· 171

第六章　花卉的采后处理 —— 173

　第一节　鲜花 ·············· 173
　　一、采后生理 ·············· 173
　　二、采后保鲜 ·············· 176
　　三、采后修剪和分级 ·············· 178
　　四、采后包装 ·············· 180

五、采后运输与销售 ······················· 181
　第二节　干花 ································· 182
　　一、概念、特点及分类 ··················· 182
　　二、干花的制作 ···························· 183
　　三、干花的染色 ···························· 186
　【本章知识结构图】 ························· 187
　【练习题】 ····································· 187
　生产实训七　花材的采后处理和贮运 ····· 188

第七章　花卉的销售 — 190

　第一节　花卉的线下销售 ··················· 190
　　一、零售销售 ······························· 190
　　二、订单式销售 ···························· 191
　　三、拍卖式销售 ···························· 192
　　四、期货销售 ······························· 193
　第二节　花卉的线上销售 ··················· 194
　　一、电子商务平台 ························· 195
　　二、开设网店 ······························· 195
　　三、网店的运营评估及决策 ············· 197
　第三节　花卉的售后服务 ··················· 197
　　一、线上指导 ······························· 197
　　二、设立花卉门诊 ························· 198
　【本章知识结构图】 ························· 200
　【练习题】 ····································· 200
　生产实训八　花卉的销售 ··················· 201

参考文献 — **203**

上篇:

花卉产前

第一章

概 论

【本章概要】 本章主要介绍花卉、花卉学和花卉业的概念及范畴；阐述花卉在生态环境保护、精神文化生活和国家经济发展中的重要作用；从产业发展史的角度论述了国内外花卉产业演变的概貌。

【课程育人】 通过介绍花卉在生态文明、精神文明和经济发展中的重要作用，使学生喜欢花卉、树立愿投身于花卉产业的职业理想。

第一节 花卉的范畴及花卉学

一、花卉（狭义）

从植物学的角度讲，花是被子植物的生殖器官，由花瓣、花萼、花托、花蕊等组成。相对于茎、叶等营养器官，花在色彩、形态和气味等方面具有较高的观赏价值，常引申为有观赏价值的植物，卉由三个"十"组成，"十"本义为草木初生，卉是草的总称。《辞海》（第七版）称花卉为可供观赏的花草。花草相对树木而言植株低矮、茎枝细弱，木质部不甚发达，为草本植物。因此狭义的花卉是指有观赏价值的草本植物，如凤仙花、仙客来、菊花等。

二、花卉（广义）及范畴

随着花卉的应用和推广，花卉的范畴越来越广，广义的花卉指具有一定观赏价值，并按照一定技艺栽培管理和养护的植物。包括高等植物中的草本、亚灌木、灌木、乔木和藤本植物，以及较低等的蕨类植物等。

三、花卉学

花卉学是一门以现代生物科学理论为基础的综合性学科，它的理论体系是建立在生物科学、环境科学和园林艺术等学科基础上的，因此花卉学与植物学、植物生理学、遗传学、土壤学、植物病理学、生态学、园林美学和园林规划设计等学科密切相关。花卉学是研究花卉分类、花卉生长发育规律及其与外界环境条件的关系，以及探讨花卉繁殖、栽培管理及园林应用等方面的理论和技术的学科。花卉学研究的意义在于能够根据花卉的观赏特征、生长发育规律和生态习性等合理配置、科学种植花卉以达到美化、绿化环境和获得较高经济效益、生态效益的目的。

四、花卉业

花卉产业属农业产业中的一个分支，它把花卉当作商品，进行包括研究、开发、生产、贮运、营销以及售后服务等一系列的活动。凡从事花卉育种、种植、加工、营销、进出口以及与之相关的科学研究活动，相配套产品的生产经营行业，均属于花卉业的范畴。花卉产业概括起来可分为四大功能部门：生产部门、加工部门、流通部门、利用部门。花卉的生产部门包括花卉的培育、养护和管理，具有种植业的性质，属于第一产业；花卉的加工包括干花制作、花卉食品生产、花卉医药及轻化工产品等，属于第二产业；从总体上看，花卉在流通利用过程中，对社会生产和人民生活产生一定的环境效益和社会效益，具有为其他产业和人民生活服务的性质，属于第三产业。花卉的培育、养护、管理、服务、生产、流通几个环节密切相关融为一体，因此在国民经济产业结构中，形成独立的产业体系。

花卉业是二战以来传统产业中发展最快的一个，究其根本原因是经济的快速发展和人均收入的增长，同时，科技进步也是不可忽视的一个重要因素。世界的花卉生产和花卉消费已形成区域化布局，欧、美、亚太地区是花卉的主产区，据不完全统计20世纪末全世界花卉栽培面积已达22.3万公顷，其中亚太地区花卉栽培面积最大，达13.4万公顷；其次是欧洲，栽培面积达4.5万公顷；美洲地区的栽培有4万公顷。花卉的消费与经济发展程度有着直接的关系，在经济比较发达的三个地区（欧盟、美国、日本）形成了三个花卉消费中心。目前中国经济腾飞，人民消费水平不断提高，国内市场对花卉的需求量不断增大，花卉消费在中国前景广阔。

第二节 花卉的重要性

随着经济的快速发展、人们对精神文化生活的追求，花卉已成为人们生活中必不可少的消费品。花卉色彩丰富、形态多样，在环境绿化和美化中作用突出；其应用广泛，在美化和改善环境质量的同时，也可以提高人们的生活质量，种花、赏花、插花等花事活动可以陶冶人们的情操，有益于人们的身心健康。随着花卉业的蓬勃发展，不少地区结合自身的产业结构调整，大力发展特色花卉种植，花卉业已成为振兴地方经济的支柱产业之一。发展花卉业经济效益高、社会效益好、生态效益大。花卉在社会经济、文化生活及生态环境建设中将占据越来越重要的地位。

一、花卉在生态环境建设中的重要性

城市生态环境与居民生活息息相关，影响着人们的日常生产活动。随着工业化进程快速推进，城市化和城市建设步伐的加快，环境污染、植被破坏、气象异常、自然资源枯竭等问题日益显现。为了改善并保护生态环境，满足人们对自然的渴求，以植物造景为主，融生态、保健、科学、文化和艺术于一体的生态园林成了现代园林发展的主要方向，同时园林植物的应用情况也成为评价园林优劣的重要指标。花卉是园林植物中最主要的部分，尤其是草本花卉，由于繁殖系数高、生长快、花色艳丽、品种丰富、美化效果

好，因此常常用来布置花坛、花境、花丛和花带等供人们观赏。花卉不仅具有美化绿化环境的作用，还可防尘、杀菌和吸收有害气体、防止水土流失等，对保护人们身体健康、美化环境有着不可低估的作用。

二、花卉在人们精神生活中的重要性

赏花是人类精神文化生活中不可缺少的内容，观赏花草能消除疲劳，使人精神焕发，从而以充沛的精力和饱满的热情投入到工作生活中去。仅以观花植物而论，花形有的整齐，有的奇异；花色有的艳丽，有的淡雅；花香有的芬芳四溢，有的幽香盈室；花姿有的风韵潇洒，有的古朴沧桑。花卉在丰富人的精神生活和文化生活的同时，给人以美的享受。

花卉能够增进感情和促进人际交流。现如今送花已成为一种时尚，在外事活动、重要节日或探亲访友过程中，人们常会赠送鲜花向亲人、爱人和朋友等表达情意，自古以来，花卉被人类赋予了美好的寓意，它不仅能装点人类生活而且是情感表达的重要媒介。

莳花弄草是一种闲情雅致，如今它还被当作一种减压康复的疗养手段走入公众视野，这就是近年兴起的"园艺疗法"。园艺疗法是在园艺疗法师指导下利用植物栽培与园艺操作活动，从社会、教育、心理以及身体诸方面进行调整治疗的一种有效的方法。国外已经有大量研究证明了园艺疗法的康复治疗作用。无论是从压力值、脑波测量，还是内分泌、免疫系统测定等指标上，都能看到差异。比如，科学家研究了盆栽制作活动对人身心的影响。他们将119人随机分为3组，分别向盆中装土，移栽没开花的紫罗兰和移栽开花的紫罗兰，然后在活动进行前后测定脑波、肌电、瞳孔光反射和进行心情变化状况调查。结果表明，园艺操作活动能够促进心理放松，用有花植物进行园艺操作活动对人的感情有积极的影响。在快节奏的城市生活中，绿色植物和园艺活动能让人心沉静，缓解浮躁。园艺疗法帮助人们找回初心，更多地体味"采菊东篱下"的美好生活。

三、花卉在国家经济发展中的重要性

花卉生产不仅有广泛的环境效益和社会效益，而且有巨大的经济效益。近年来，花卉业成为很多国家和地区农业创汇的支柱，真正显示其作为"效益农业"的作用和发展潜力。

以世界花卉生产第一大国荷兰为例,花卉从业人员仅有7万多人,种植面积为农业生产总面积的7%,但其产值却占农业总产值的39%。2019年荷兰花卉年出口额达62亿欧元,人均创汇约8.9万欧元,利润高达30%。在日本每亩(1亩=666.7m^2)花卉生产面积创造的价值相当于种植22亩水稻(按日本大米价格计算),生产的投入产出比为1:5。在我国花卉生产已被作为国家发展高产、优质、高效农业的一个组成部分,1999~2018年,花卉产业总产值从87.3亿元增长到2614.06亿元。云南凭借优越的自然条件和资源禀赋,发展成为国内最大的花卉产业基地、全球三大新兴花卉产区之一和全球第二大鲜切花交易中心,云南花卉市场已形成了以鲜切花、盆花、园林观赏植物、加工食用花卉、种用花卉五大种类全面发展的新格局,其中鲜切花在国内市场占有率在70%左右。近年来,云南花卉行业产值逐年增长,2016年达到463.7亿元,2017年,云南花卉总产值继续增长至503.2亿元,2018年为525.9亿元。2019年,云南花卉总产值达到751.4亿元,同比增长42.9%。

花卉产业提供了大量的就业机会。据荷兰花卉产业统计,1987年荷兰从事花卉产业的人数共6.5万人,其中花卉生产者2.3万人,市场营销人员3400人,相关产业6000人,批发输出业者1万人,与零售有关的2.3万人,也就是说,每一个花卉生产者,平均要有2人为其提供产前、产中、产后的一系列服务。哥伦比亚花卉出口业就业人数达75000人,种植品种包括玫瑰、康乃馨以及其他50多个品种。花卉产业安置了大批城乡剩余劳动力,2017年,中国花卉市场、花卉企业、从业人员的数量分别为4108个、6万家和568万人,今后还将有大发展的趋势。在我国劳动就业逐渐成为社会热点问题的今天,发展花卉业无疑会促进就业结构的改善,为更多的农村剩余劳动力和再就业人员提供就业的机会,促进社会的安定团结。

花卉产业作为一个产业体系,不但是农业的一个组成部分,也与轻工、化工食品及医药工业密切相关。花卉产业的发展,可以带动相关产业的发展。据统计,1元的花卉产值可以带动6元的相关产业,如花卉的包装、运输、肥料等。花卉产业的大发展、花卉市场的拓宽也必然影响和带动轻工、化工、机械、食品、医药以及交通运输等相关行业的发展。如用塑料制作花盆、花架、包装盒(瓶),用塑料薄膜、铝合金建造温室,用钢铁制作花架等，自然会带动塑料、钢铁和机械业的发展；花卉要周年供应，电子计算机控制花卉生产和销售的各种设施的开发制造也会促进电子仪表行业的发展；对花土、花肥、花药、鲜花保鲜剂的需求也会促进相关化工项目的发展。

第三节 国内外花卉业发展概况

一、我国花卉产业发展概况

中国花卉产业从20世纪80年代起步至今，大致可以划分三个阶段，即恢复发展阶段（1980～1990年）、快速发展阶段（1991～1995年）、巩固和提高阶段（1996年至今）。40多年来，我国花卉产业快速发展，产业规模稳步提升，生产格局基本形成，科技创新得到加强，市场建设初具规模，花卉文化日趋繁荣，对外合作不断扩大，形成了较为完整的现代花卉产业链。

（一）恢复发展阶段

1980～1990年是花卉产业恢复发展阶段。1986年全国花卉生产面积接近2万公顷，产值7亿元左右。到1990年生产面积增长到3.3万公顷，产值达到11亿元。这5年，虽然花卉生产面积和产值有了一定的增长，但总的来说，生产基本以传统的栽培技术和栽培品种为主。由于产品短缺带来的丰厚利润，激发了一些地方发展花卉生产的积极性。苏、浙一带大力发展市场紧俏的绿化苗木，盲目扩大龙柏、雪松的种植面积，结果出现了供大于求的现象，价格大幅下跌。1989年全国花卉生产面积已发展到4万公顷，1990年又下降到3.3万公顷，主要消减的是绿化苗木。恢复发展阶段花卉出口种类较单一，主要为传统花卉如金橘、菊花、牡丹、水仙等。1985年全国花卉出口额为600万美元，其中出口到香港就占了500万美元，而且主要是以年宵花金橘等盆栽类为主。总的来说该阶段我国花卉业尚处于技术落后、品种陈旧、产品短缺、市场不稳的状况。

(二) 快速发展阶段

1991~1995年是花卉产业快速发展阶段。随着国民经济的发展，城市绿化、美化要求的提高，以及人民生活水平的改善，花卉需求迅速增长，有力地推动了花卉业的发展。特别是1992年国务院召开发展"高产、优质、高效"农业经验交流会后，各地开始把花卉业作为调整农业结构、发展农村经济的重要途径之一，进一步加强领导，加大扶持力度，大大加快了花卉业的发展步伐。该阶段我国花卉产业迅速发展，全国花卉生产面积从1990年的3.3万公顷，扩大到1995年的7.5万公顷，增长两倍多。全国出现了国营、集体、个体以及合资、独资企业一齐上的局面。广东、福建、浙江、江苏、上海、四川等传统产区，涌现一大批专业村和专业户。从南到北靠花卉致富的农户不胜枚举。在各类花卉产品中，发展最快的是鲜切花和观叶植物。1995年全国鲜切花产量达到7亿支，比1991年的2.2亿支增长3倍多。广东、福建等地利用适宜的气候条件，大量引进观叶植物优新品种，发展成为全国观叶植物生产和供应中心。绿化植物也一改种类单一，出现乔木、花灌木、草坪等齐发展的势头。商品盆景的生产和出口也有明显增加。由于各地注重调整产品结构，不仅丰富了市场供应，也使花卉产值成倍增长。据统计，1991年全国花卉产值为12亿元，到1995年达到43亿元。生产快速发展，加上结构的有效调整，使花卉产品短缺现象有了明显好转。市场供应比较充足，品种也较过去齐全。

(三) 巩固和提高阶段

从1996年以来，花卉生产、科研、流通等方面发生了较大的变化，我国花卉业开始步入巩固和提高阶段。生产稳步发展，注重提高质量。据不完全统计，1998年全国花卉生产面积为9万公顷，比1995年增加1.5万公顷。花卉生产开始放慢发展速度。各类花卉产品的质量有了明显提高。如月季、香石竹、菊花、百合、勿忘我、满天星等鲜切花，不仅品质比过去有了较大改善，而且基本做到以稳定的质量周年供应市场。这是我国鲜切花生产的一个较大突破。各类观叶植物也基本实现了规模化、批量化、规格化生产，满足消费者多层次的需要。随着生活水平的提高，人们对家居环境越来越重视，许多家庭开始在自家阳台、屋前空地养花弄草，居民花卉消费渐增。消费市场的变化，带动了盆花的生产。据统计，1995年全国盆花产量为2.4亿盆，1996年为5亿多盆，1998年上升到11亿多盆，2003年达16亿多盆。各类型的花卉市场联结生产和消费，成为花木的主要集散地，形成了专业化的流通网络。批发市场的建设，在花卉南北大流通上起到一定的枢纽作用。随着交通、运输条件的改善，以及包装、保鲜技术的应用，花卉交易基本不受地域限制，全国花卉大市场、大流通正在逐步形成。花卉产业已经成为一项发展强劲的朝阳产业。就全国的区域布局而言，优势产区区域正在形成，各地都在依据市场和自身的优势在调整中发展，产品质量整体上升，出口额也有所增加，生产与流通企业及市场也在增加，产业化的整体水平有所提高。

40多年来，我国花卉产业快速发展，花卉生产面积从20世纪80年代初不足1万公顷发展到2014年的127.02万公顷，成为世界花卉生产面积最大的国家。2010~2019年我国花卉种植面积总体呈上升趋势，至2019年，花卉种植面积达176万公顷，市场总规模达1656亿元，电商市场规模达535.1亿元，市场总成交额达750.84亿元，批发市场成交额716.24亿元；花卉进口总金额达2.62亿美元，其中云南省进口规模最大，达8303.5万美元；花卉出口总金额达3.58亿美元（较进口金额高出0.96亿美元），福建省以8212.1万美元成为全国2019年第一出口大省。目前，中国已成为花卉产业发展最快的国家之一，花卉生产初具规模，这为现代花卉业的形成和发展奠定了较好的基础。

二、国外花卉产业发展概况

据不完全统计，世界花卉种植规模已从20世纪末的22.3万公顷发展到目前的280万公顷。近年来，发达国家花卉产品自给率不足，世界花卉种植基地向非洲、北美和中国等亚洲国家转移，中国、越南、缅甸等国家花卉发展潜力巨大。新、优、特品种需求量增加，交易手段、流通和消费方式不断创新发展。

1940年后，商品花卉开始规模化种植，消费量逐渐上升，成为国际贸易大宗商品。20世纪50年代初，世界花卉的贸易额不足30亿美元，1985年发展为150亿美元，1990年为305亿美元，1992年上升到1000亿美元，到 20 世纪末，世界花卉消费总额已达 3000 亿美元。目前国际花卉业的现状可以概括为各国花卉生产有起有落，生产格局出现新的调整。花卉栽培面积比较大的 10 个国家是：中国、印度、日本、美国、荷兰、意大利、泰国、英国、德国和墨西哥。

由于各地区花卉科研、生产、流通和消费水平不同，花卉业发展水平差别很大。1994 年的鲜切花、切叶及盆花的世界贸易总额达 42.3 亿美元。其中欧洲地区出口量最大，占世界贸易总量的 67%，美洲地区占 19%，亚太地区占 5%。花卉出口创汇额比较高的 10 个国家是：荷兰、哥伦比亚、丹麦、以色列、意大利、哥斯达黎加、比利时、美国、泰国和肯尼亚。

目前欧盟、美国、日本形成了世界上三个花卉消费中心。这三个花卉消费中心进口的花卉占世界花卉贸易的 99%，其中欧盟占主导地位，达 80%，美国占 13%，日本占 6%。世界的花卉生产和花卉消费已形成区域化布局。自然资源丰富、劳动力便宜、交通运输方便的国家和地区逐渐成为生产区域。经济发达、有着良好花卉消费习惯的国家和地区逐渐成为消费区域。目前，荷兰的花卉 93% 出口到欧盟国家，哥伦比亚的花卉 75% 出口到美国，泰国生产的盆栽热带兰花则有 78% 销往日本。

近年来伴随着世界花卉自由贸易的发展，世界花卉业的发展有了明显的变化。其发展趋势主要是生产、经营、流通全球化，花卉生产工厂化和专业化，科研、生产、经营一体化，消费需求多样化、高档次、优质化；发展中国家花卉生产迅速扩大，积极组织出口；花卉产业发达国家以高科技为支撑，开始实施以"三个保护"为核心的市场竞争策略，抬高花卉产品进入国际市场的门槛，巩固有利于自己的国际花卉贸易格局。目前来看，发展迅速的规模化产业群体，是花卉产业现代化的物质基础；专业化、集约化生产是各国花卉产业经营的共同点，花卉产业的区域集中，形成产业集群，有利于基础设施的完善和区域市场的形成，提高了经济外部性程度，有利于花卉产业化运作；完善的技术服务体系和社会服务体系，包括各种协会、科研等机构在内的发达的社会化服务体系是花卉产业化的保证。健全、高效、快捷的花卉流通体系是实现花卉产品顺畅地从产地流向各类市场和消费者的渠道。

【本章知识结构图】

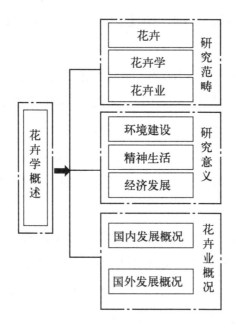

【练习题】

一、名词解释

花卉（狭义）、花卉（广义）、花卉学、花卉业。

二、问答题

1.简述广义花卉的含义及主要类型。
2.举例说明花卉对人类生活的重要作用。
3.简述我国花卉产业发展概况。
4.简述国外花卉产业发展概况。
5.试述未来花卉业发展的趋势。
6.从国内外花卉业发展的趋势看，学习花卉学要注意积累哪些方面的知识？

第二章 花卉的实用分类

【本章概要】 花卉种类繁多，分布及应用范围广泛，为便于花卉栽培、管理、利用和研究，长期以来人们根据不同需要提出了多种分类方法。本章以花卉的实用分类为主，对常用分类方法重点介绍。通过学习，能够建立系统的花卉分类体系，理解并把握各类花卉的含义和特点，了解重要花卉的形态特征、生态习性和栽培方式，从而为花卉的生产栽培、园林应用、科学研究等服务。

【课程育人】 通过花卉的实用分类和种质资源的介绍，培养学生了解植物、喜爱植物、认识植物、研究植物和利用植物的科学探索精神，引导学生用专业思维解决面临的专业问题。

第一节 花卉的分类系统和意义

一、花卉的分类系统

花卉分类系统，就是将有确切名称的花卉合理地予以归类分型，并构成完整体系。目前主要从品种演化关系及生产实用出发，对花卉进行植物学系统分类和实用系统分类。

(一)植物学系统分类

植物学系统分类以不同花卉间亲缘关系的演化为主要分类依据，按照科、属、种、变种来分类并给予拉丁文形式的命名，科学性、专业性较强。种是植物学分类的基本单位，是具有一定自然分布区域和一定生理、形态特征的生物类群。同种个体具有相同的遗传性状，彼此间可以交配产生可育的后代。异种间不仅在形态特征上有明显的差别，而且通常还存在生殖隔离现象，并由此保持物种的相对稳定性。

(二)实用系统分类

实用系统分类从生产实用的角度出发对花卉进行分类，方便人们在花卉生产、养护和应用中对花卉进行识别、分类管理和选择，该方法简明适用、方便易行。

二、花卉分类的意义

与果树、蔬菜等其他园艺植物相比，花卉具有种类繁多、类型丰富、生态习性及栽培技术复杂等特点，人们为了更好地认识和利用花卉，从不同角度对花卉进行分类。不同花卉品种在生态习性、生物学特性与观赏特性方面存在差异，在对花卉进行分门别类后，就可针对其特点进行合理的栽培、应用。此外对花卉进行分类定名还有利于在国际上交流、推广。高质量的花卉品种分类对提高园林绿化水平，对研究花卉育种、起源与品种演化等具有推动作用。

第二节
花卉实用分类的方法

一、按生态习性分类

环境能影响和改变植物的形态结构和生理生化特性，生活在不同生态环境下的植物在外部形态及自身遗传上存在差异，在栽培上所需的环境条件如光照、温度、水分、土壤等各不相同。

（一）依对光照的要求分类

1. 依对光照强度的要求分类

（1）阳性花卉

该类花卉喜强光、不耐阴，在阳光充足的条件下才能正常生长发育。如果光照不足，则植株容易徒长且开花性状受到影响，观赏质量降低。大部分观花、观果花卉和少数观叶花卉属于此类，如一串红、菊花、月季、牡丹、石榴、柑橘、苏铁、变叶木等。

（2）阴性花卉

阴性花卉多原产于热带雨林或高山阴坡及林下，在适度荫蔽的条件下生长良好。如果强光直射，则会使叶片焦黄枯萎。阴性花卉包括大部分的室内观叶植物和少数观花花卉，如天南星科、兰科、秋海棠科以及蕨类等。

（3）中性花卉

中性花卉既不能适应过度荫蔽的环境又怕夏季强光直射，该类花卉在散射光下生长良好，如萱草、倒挂金钟、桔梗、杜鹃花、山茶、米兰等。

2. 依对光照时间的要求分类

（1）长日照花卉

长日照花卉要求昼夜周期中日照时长大于某一临界值（一般12h以上）才能正常形成花芽和开花，否则就不能开花或延迟开花，通常春末和夏季为自然花期的花卉是长日照花卉，如瓜叶菊、八仙花、唐菖蒲、香豌豆等。

（2）短日照花卉

短日照花卉要求昼夜周期中日照时长小于某一临界值（一般12h以内）才有利于花芽的形成和开花。多数自然花期在秋、冬季的花卉属于短日照植物，如菊花、一品红和蟹爪兰等。

（3）日中性花卉

日中性花卉对光照时间长短不敏感，只要温度适合，一年四季都能开花，如月季、扶桑、天竺葵、矮牵牛、百日草等。

（二）依对温度的要求分类

1. 耐寒花卉

耐寒花卉多原产于高纬度地区或高山，性耐寒而不耐热，冬季能忍受-10℃或更低的气温而不受害。耐寒花卉是一些在我国西北、华北及东北南部露地能安全越冬的木本花卉和宿根花卉，如榆叶梅、丁香、锦带花、珍珠梅、荷包牡丹、荷兰菊、芍药等。

2. 喜凉花卉

喜凉花卉稍耐寒而不耐严寒，但也不耐高温，一般在-5℃左右不受冻害，在我国江淮流域能露地越冬，如梅花、桃花、月季、蜡梅等木本花卉及菊花、三色堇、二月兰、花菱草、紫罗兰等草本花卉。

3. 中温花卉

中温花卉生长温度一般要求在0℃以上，在我国长江流域以南大部分地区露地能安全越冬，如山茶、桂花、夹竹桃、含笑、杜鹃等木本花卉及矢车菊、金鱼草、报春花、金盏菊等草本花卉。

4. 喜温花卉

喜温花卉性喜温暖，易受冻害。一般在5℃以上能安全越冬，在我国长江流域以南部分地区及华南能露地越冬，如一串红、矮牵牛、蒲包花、叶子花、瓜叶菊、非洲菊等。

5. 耐热花卉

耐热花卉多原产于热带或亚热带，喜温暖，能耐40℃以上的高温，但极不耐寒，多数要求最低温度在10℃以上，在我国福建、广东、广西、海南、台湾大部分地区适宜生长，如竹芋类、凤梨类、芭蕉科、仙人掌科、天南星科等热带花卉。

（三）依对水分的要求分类

1. 旱生花卉

多原产于热带干旱、沙漠地区，为了适应干旱的环境该类花卉根系较发达，茎部或叶片肥厚贮藏大量水分。仙人掌及多肉植物多属于此类。在栽培管理中，应掌握"宁干勿湿"的浇水原则。

2. 中生花卉

不能忍受过干和过湿的条件，其根系及输导系统均较发达，栅栏组织和海绵组织排列整齐，叶片表皮有一层角质层。该类花卉种类众多，栽培管理中浇水要掌握"见干见湿、干透浇透"的原则。

3. 湿生花卉

多原产于热带雨林中或山涧溪旁，适宜生长于空气湿度较大的环境中，干燥或中生环境中常生长不良。湿生花卉由于环境中水分充足，所以在形态和机能上没有防止蒸腾和扩大吸水的构造，根系无主根。在养护中应掌握"宁湿勿干"的浇水原则。

4. 水生花卉

水生花卉根或茎一般都具有较发达的通气组织，根系不发达、须根短小，水面以上的叶片大而薄、表皮不发达，如荷花、睡莲、王莲等。

（四）依对土壤的要求分类

1. 依花卉对土壤肥力的要求分类

（1）喜肥花卉

该类花卉生长过程中对肥料的需求较多，施肥时要根据不同的生长阶段施用不同的肥料，营养生长期以氮肥为主，开花时多施磷肥，如大花蕙兰、红掌、长春花、月季等。

（2）耐瘠薄花卉

可在薄层土壤上生长，需肥量较少，如松叶牡丹、凤仙花、蜀葵、佛甲草、百日菊等。

2. 依花卉对土壤酸碱度的要求分类

（1）酸性土花卉

土壤pH值在6.5以下能正常生长的植物，如杜鹃、山茶、栀子花等。

（2）中性土花卉

土壤pH值在6.5～7.5之间能正常生长的植物，多数花卉喜欢中性土壤。

（3）碱性土花卉

土壤pH值在7.5以上能正常生长的植物，如醉鱼草、石竹、马蔺、天人菊等。

二、按观赏部位分类

（一）观花类花卉

指以观花为主的花卉。该类花卉花色艳丽、花形端庄，色、香、姿、韵均可品赏，如荷花、菊花、一串红、百合、叶子花、石蒜等。观花类花卉根据花的结构可进一步分为观花瓣、观花萼、观花被、观苞片、观花蕊等类型。

（二）观叶类花卉

观叶植物是以叶片的形状、色泽和质地为主要观赏对象。观叶植物种类繁多、姿态多样，其中包括木本观叶植物，如棕榈和发财树等；草本观叶植物，如竹芋类和花叶万年青等。

（三）观茎类花卉

该类植物茎、枝具有独特的观赏价值，如仙人掌类、佛肚竹、光棍树、酒瓶兰等。

（四）观果类花卉

该类植物果实形态及色泽尤为引人注目，如五色椒、金银茄、金橘、佛手、气球果等。

（五）芳香类花卉

芳香类花卉具有香气，在庭院绿化、切花装饰及芳香植物园中较为常见。该类植物不仅可以观赏而且可供提取芳香油和食用等，具有较高的经济价值，如米兰、茉莉、桂花、玫瑰等。

三、按形态分类

形态是植物长期生活在一定的环境下所形成的，也是各种植物对其生态条件的综合作用在外貌上的具体反映。主要分为草本花卉、木本花卉及仙人掌和多肉植物三大类。

（一）草本花卉

草本花卉的茎干柔软多汁，木质部不甚发达。按照生长寿命的长短可分为一年生花卉、二年生花卉和多年生草本花卉。

1. 一年生花卉

一年生花卉在一年内完成其生长、发育、开花、结实，直至死亡的生命周期。常春天播种，夏秋开花、结实，而后枯死，故又称春播花卉。如鸡冠花、波斯菊、翠菊、百日草、万寿菊、孔雀草、千日红、凤仙花等。

2. 二年生花卉

指在两个生长季内完成生活史的花卉。该类花卉一般秋天播种，以幼苗越冬，翌年春夏开花、结实，后枯死，故又称秋播花卉。如金鱼草、三色堇、桂竹香、羽衣甘蓝、金盏菊、雏菊、须苞石竹、瓜叶菊等。

3. 多年生草本花卉

指个体寿命在三年或三年以上的草本花卉，在整个生活史中能多次开花结果。根据地下部分的形态又可分为宿根花卉和球根花卉。

（1）宿根花卉

宿根花卉地下部分的形态正常，根系多为直根系或须根系的多年生草本观赏植物。如菊花、蛇鞭菊、芍药、荷包牡丹、蜀葵、鸢尾、麦冬等。

（2）球根花卉

指地下部分的根或茎发生变态，肥大呈球状或块状的多年生草本植物。球根花卉种类众多，因地下器官的形态及结构不同，可分为鳞茎类、球茎类、块茎类、根茎类、块根类。

① 鳞茎类　地下茎短缩成扁盘状，其上着生肉质的变态叶，整体呈球形。鳞茎类分为有皮鳞茎和无皮鳞茎。有皮鳞茎最外层为膜质的鳞皮，如郁金香、朱顶红、水仙等；无皮鳞茎无皮膜包被，如百合、卷丹等。

② 球茎类　球茎类茎膨大成实心球形或扁球形，茎着生环状的节，叶为膜质，包被于球体之上。代表花卉有唐菖蒲、小苍兰、番红花等。

③ 块茎类　块茎类地下茎膨大成不规则块状，茎上具芽眼，外部无皮膜包被，如马蹄莲、球根秋海棠、大岩桐、仙客来等。

④ 根茎类　根茎类地下茎肥大成根状，有明显的节与节间，茎着地生根，节上有芽，如美人蕉、荷花、鸢尾等。

⑤ 块根类　块根类由侧根或不定根肥大而成，呈块状，根上无节无芽，如大丽花、花毛茛、酢浆草等。

（二）木本花卉

木本花卉茎坚硬，木质部发达，主要包括乔木、灌木和藤本三种类型。

1. 乔木

乔木类植物的特点是株型直立高大、主干明显、侧枝从主干上发出。该类植物种类多样，不同种间在株高、叶形、花形、色泽等方面差异较大。为区别于园林树木，本教材主要涉及观花小乔木和室内观叶小乔木。

（1）观花小乔木

梅花、桂花、紫薇、樱花、木槿等。

（2）室内观叶小乔木

幸福树、发财树、琴叶榕、平安树等。

2. 灌木

灌木地上茎丛生，分枝点低，没有明显的主干。按照花、叶性状可以分为常绿花灌木、落叶花灌木和彩叶灌木。

（1）常绿花灌木

栀子、茉莉、六月雪、杜鹃花、含笑等。

（2）落叶花灌木

牡丹、月季、绣线菊、八仙花等。

（3）彩叶灌木

火焰南天竹、金叶连翘、大花六道木、彩叶杞柳等。

3. 藤本

是指那些茎干细长，自身不能直立生长，茎蔓需要攀援在其他物体上的植物。利用藤本植物的匍匐枝蔓发展垂直绿化或营造地被景观，可提高绿化质量，改善和保护环境。藤本植物结合观赏特性又可分为观叶藤本植物和观花藤本植物。

（1）观叶藤本植物

常春藤、爬墙虎、绿萝、络石等。

（2）观花藤本植物

木香、凌霄、紫藤、铁线莲、飘香藤等。

（三）仙人掌和多肉植物

该类植物多原产于热带半荒漠地区，茎叶具有特殊贮水能力、呈肥厚多汁变态状。在植物学上多肉植物也称肉质植物或多浆植物，它包括了仙人掌科、番杏科的全部种类和其他50余科的部分种类，总数逾万种。而园艺学上所称的多肉植物或多肉花卉，则不包括仙人掌科植物。仙人掌科植物和多肉植物在习性上、栽培繁殖上有区别，目前国内外专家多分开叙述。

1. 仙人掌科植物

仙人掌科植物大多原产于美洲干旱地区，以墨西哥及南美荒漠地区为主要分布带。为适应干旱的环境，它们叶片已进化成针刺，茎部明显，有刺座，花形变化多样、花色丰富多彩，观赏价值较高。仙人掌科近百个属，有2000种以上，常见的有金琥、蟹爪兰、绯花玉、万重山等。

2. 多肉植物

多肉植物和仙人掌类相比，多有叶片，刺的特色没有仙人掌类鲜明，花小、常集成各种花序，花的观赏性总的来说逊于仙人掌类。按贮水部位，多肉植物可分为叶多肉植物、茎多肉植物和茎干类多肉植物。

（1）叶多肉植物

叶多肉植物贮水组织主要在叶部，越干旱，叶越厚、茎越短，如桃美人、玉露、生石花等。

（2）茎多肉植物

茎多肉植物具粗壮肉质茎，茎形同仙人掌类，但没有刺座，如大戟科的虎刺梅、萝藦科的花犀角、夹竹桃科的棒槌树、菊科的泥鳅掌等。

（3）茎干类多肉植物

该类植物肉质部分主要在茎下部，形成膨大的块状体、球状体或瓶状体。多数叶直接从根颈处或从细长枝条上长出。在极端干旱的季节，枝条和叶一起脱落，如薯蓣科的南非龟甲龙。但也有一些种类，在膨大的茎干上有近乎正常的分枝，茎干通常较高，生长期分枝上有叶，干旱休眠期叶脱落但分枝存在，如木棉科的猴面包树、梧桐科的昆士兰瓶树。

四、按栽培类型分类

花卉生态习性不同，所采用的栽培方法也有区别，按栽培类型可将花卉分为露地花卉和温室花卉。由于存在地理位置的差异，各地的分类结果不同。

（一）露地花卉

整个或主要生长发育过程能在露地进行的花卉称露地花卉。它包括一些露地春播、秋播或早春需用温床、冷床育苗的一二年生草本花卉及多年生宿根、球根花卉，如长春花、百日草、石竹、金鱼草、萱草等。

（二）温室花卉

温室花卉栽培时必须有温室设备来满足生长或生产上的需要。原产于热带、亚热带及南方温暖地区的花卉，在北方寒冷地区必须在温室内栽培或冬季需要在温室中保护过冬，如瓜叶菊、君子兰、一品红等。

【本章知识结构图】

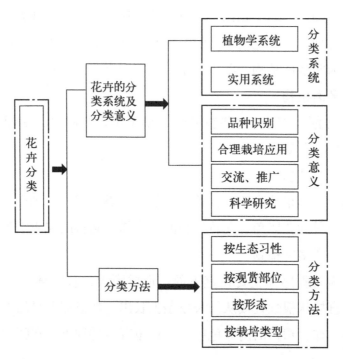

【练习题】

一、名词解释

花卉分类系统、植物学系统分类、实用系统分类、阳性花卉、阴性花卉、中性花卉、长日照花卉、短日照花卉、日中性花卉、耐寒花卉、喜凉花卉、中温花卉、喜温花卉、耐热花卉、旱生花卉、中生花卉、湿生花卉、水生花卉、喜肥花卉、耐瘠薄花卉、酸性土花卉、中性土花卉、碱性土花卉、观花类花卉、观叶类花卉、观茎类花卉、观果类花卉、芳香类花卉、多年生草本花卉、露地花卉、温室花卉。

二、问答题

1. 花卉分类系统有哪些？有何重要意义？
2. 花卉的实用分类方法有哪些？各有什么特点？
3. 按照对光照时间要求将花卉分为几类？各有什么特点？每类花卉举出至少 5 种植物。
4. 按照观赏部位将花卉分为几类？每类花卉举出至少 5 种植物。
5. 多年生草本花卉有哪些种类？各有什么特点？每类花卉举出至少 5 种植物。
6. 多肉植物有哪些种类？各有什么特点？每类花卉举出至少 5 种植物。
7. 什么是水生花卉？写出至少 10 种你认识的水生花卉（包括科名），并简述各自的用途。
8. 按照地下器官变态的部位和形状对球根花卉分类，写出各类花卉的特点及代表花卉（至少 5 种）。

生产实训一
花卉的识别和分类

一、目的要求

通过对当地各大公园或街头绿地的花卉种类调查，使学生熟悉常见露地花卉的形态特征、生态习性及繁殖方法、栽培要点与观赏用途，为以后花卉应用和配置提供一定的理论和实践基础。

二、材料用具和实训地点

1. 材料用具

数码相机、体式显微镜、钢卷尺、直尺、游标卡尺、铅笔、实验记录本、常见露地花卉。

2. 实训地点

当地公园、绿地、花卉市场、花卉生产基地等。

三、实验内容及方法

1. 花卉种类识别和讲解

教师现场教学讲解每种花卉的名称、科属、生态习性、繁殖方法、栽培要点、观赏用途。学生做好记录。

2. 花卉种类调查和记录

学生分组进行生产实训，调查120种花卉名称、科属、生态习性、繁殖方法、栽培要点、观赏用途等。完成花卉种类调查表。

3. 利用数码相机记录典型花卉植物种类

拍照记录典型花卉植物的幼苗期、快速生长期、开花期、结果期等过程。甄别每个过程变化的异同点。

四、作业

调查120种当地栽培花卉，按下表记录。

种类	名称	科属	叶形	叶缘	叶序	株高	花色	花期	习性	应用
一二年生花卉										
宿根花卉										

续表

种类	名称	科属	叶形	叶缘	叶序	株高	花色	花期	习性	应用
球根花卉										
观赏草类										
灌木										
藤本										
乔木										

中篇 花卉产中

第三章 花卉的繁殖及育苗

【本章概要】 本章详细介绍了花卉有性繁殖的概念、特点、种子的处理及播种方法；重点阐述了花卉无性繁殖的概念、特点和应用方式；概述了花卉育苗的主要流程和注意事项。

【课程育人】 花卉的繁殖和育苗需要辛苦的劳动，学习该部分内容有助于培养学生的敬业精神和热爱劳动的美好品格。

第一节 花卉的有性繁殖

种子植物的有性繁殖是指亲本经过减数分裂形成的雌、雄配子结合后，产生的合子发育成的胚再生长发育成新个体的过程，细胞中含有来自双亲各一半的遗传信息，故常有基因的重组，可产生不同程度的变异，表现较强的生命力。种子植物有性繁殖具有简便、快速、繁殖数量大的优点，也是新品种培育的常规手段。

一、有性繁殖的概念

植物有性繁殖是指由亲代产生生殖细胞，通过两性生殖细胞的结合，成为受精卵，进而发育成新个体的生殖方式。在一些低等植物中，无性繁殖占据绝对优势，有性繁殖只在产生休眠体时才启用，而在高等植物中，有性繁殖占据绝对优势。

二、种子萌发需要的环境条件

1. 水分

花卉的生命需要在有水分的条件下才能维持，吸足水分是种子萌发的首要条件。

2. 温度

花卉种子萌发的适宜温度，依种类及原产地的不同而有差异。通常原产热带的花卉需要温度较高（常为25～30℃），而亚热带及温带者次之（常为20～25℃）。原产温带北部的花卉则需要一定的低温才易萌发（常为15～20℃）。

3. 氧气

是花卉种子萌发的条件之一，供氧不足就妨碍种子萌发。但对于水生花卉来说，只需少量氧气种子就能萌发。

4. 光照

对于多数花卉的种子，只要有足够的水分、适宜的温度和一定的氧气，有没有光照都能萌发，如毛地黄、瓶子草等。对于在光照下不能萌发的种子称为嫌光性种子，如黑种草、雁来红等。

三、种子播前处理和常见的播种方法

（一）抑制种子发芽的自身因素及破除方法

不同种植物种子的萌发难易程度不同，其除了与种子萌发的环境条件是否适宜有关以外，还与种子自身的休眠特性有关。具有生命力的种子在适宜萌发的条件下仍不能够萌发，称为种子休眠，种子休眠在植物中相当普遍，很多植物的种子都具有不同程度的休眠，特别是温带和寒带植物。造成种子休眠的自身因素包括种皮障碍、种胚成熟度不足以及种子含有萌发抑制物等。

1. 种皮障碍

是多种植物种子休眠的重要影响因素，如蔷薇科（Rosaceae）、豆科

(Fabaceae)、锦葵科（Malvaceae）、樟科（Lauraceae）、壳斗科（Fagaceae）中常见一些硬实性种子，因具有发达的角质层、骨状石细胞以及栅栏细胞，透水和透气性差，这是导致种子休眠的主要原因。再如洋槐（*Robinia pseudoacacia*），约20％的种子因种皮不透水至少可保持休眠两年。檫树（*Sassafras tzumu*）种子的休眠与种皮透气性差，阻碍了种子对空气的吸收密切相关。此外，对于一些感光性的种子，种皮能够通过阻止光线到达种胚而引起种子休眠。对于硬实性种子可以采用破皮、温度处理（加温、降温、变温等）等方法破除休眠，如变温处理可以提高蝶形花科（Papilionaceae）植物种子的吸水速度。

2. 种胚成熟度不足

种胚成熟度不足指有些植物在果实成熟时，其种胚尚不具备发芽的能力，这类种子需要在适宜的环境中继续完成器官分化，形成成熟的胚，才能萌发。有研究发现，种胚发育不完全是巴东木莲（*Manglietia patungensis*）种子休眠的主要原因，需要一定的后熟过程，使种胚不断分化、发育完善；有些植物的种胚虽然已经完全分化，但是种胚较小需要经过一定时间的生长，胚根才能够突破种皮。如银杏（*Ginkgo biloba*）等植物的果实成熟时，种胚虽已完全分化，但是种胚仍旧很小，经数月才能充分成长，才能萌发，此类种子种胚生长不需要层积处理，只需正常室温贮藏即可。

3. 萌发抑制物

有些植物的种子含有萌发抑制物，能够抑制种子发芽，这些抑制物包括有机酸、亚胺、酚类、醛类以及高浓度的离子等，其中有机酸主要是脱落酸，这些抑制物质需要经过一段时间才能够分解，许多热带和亚热带植物种子的休眠类型属于此类。如乌桕（*Triadica sebifera*）种皮及胚乳存有发芽内源抑制物，这是造成乌桕种子休眠的主要原因；花楸树（*Sorbus pohuashanensis*）果肉和种子均含有水溶性萌发抑制物质，该物质可以引起种子休眠。蒙古扁桃果皮含有活性内源抑制物可以抑制其萌发。不同植物种子中抑制物的种类和含量不同，有学者通过系统分离、GC-MS方法鉴定南方红豆杉种子抑制物质，发现主要为有机酸类、酯类、胺类、醇类和酮类等，种子中脱落酸含量过高往往是引起休眠的关键因素。低温层积处理时，可有效促进种子中抑制物质分解，使脱落酸含量下降，赤霉素含量增加，从而使得新陈代谢及酶活性加强，有效解除生理形态休眠类型的种子休眠。此外赤霉素可替代低温层积处理，起到调节内源激素的作用，进而解除种子的生理休眠，这在乌桕、蜡梅、山桃等种子处理上应用普遍。

（二）播前种子处理技术

1. 选种

优良种子的选择标准如下：发育充实、大而重，具有较高的发芽势和发芽率；富有生活力；品种纯正。品种选择不合理或品种混杂，常使栽培工作失败。采收种子时，常会混入一些植株器官的碎片，如枝、叶、萼片、果皮以及石块尘土、杂草种子等。不仅影响播种质量，还因混入杂草种子，加重了除草负担。种子无病害是花卉健壮生长的重要保证，因此选种时要注意选取健康的种子。

2. 消毒

花卉种子在播种前进行消毒，可有效防止花卉幼苗在播种发芽期间，遭受病害侵染。常用的消毒方法如下：

（1）用60℃左右的温水或0.3%～1%硫酸铜溶液浸种0.5～2h（浸种时间长短因花卉品种而异），取出阴干后再播种。

（2）用0.15%～0.2%福尔马林溶液浸种15～30min，取出后密封2～3h，然后将种子摊开，稍阴干后再播种。

（3）用0.3%～0.5%高锰酸钾溶液浸种2h，取出密封0.5h后，再用清水将种子冲洗干净，阴干后再播种。

（4）0.5kg种子拌入20g福美双或10～15g多菌灵、硫菌灵等农药，均可杀死种子表面的病原菌，降低种苗发病率。

3. 浸种

浸种的关键技术首先为控制水温，可以根据种皮的厚薄，种子的含水量高低确定水温，坚硬种实可采用逐次增温浸种的方法。种子和水的比例以1∶3为宜；浸种时间，根据种子大小、内含物而定。一般种皮坚硬透水性差的种类时间可长些，并注意换水。

(1) 冷水浸种

要求 1~2d 换一次水，种子坚硬过大的，可用冷水浸种。浸种前可用开水烫种子，并不断搅拌，防止烫伤种子。苦楝浸种 5~6d，核桃 7~8d，刺槐 2~3d，桑树 0.5~1d。

(2) 热水浸种

浸种前，先将种子置于常温水中 15min，然后将其转入 55~60℃的热水中浸泡 15min，水量不低于种子体积的 5 倍。浸种过程中要及时补充热水，保持水温在所需范围内。为使种子受热均匀，要不断搅拌，直至水温降至约 30℃时停止搅拌，也可在达到烫种时间后将种子转入 30℃的温水中继续浸泡约 4h。该方法可缩短浸种时间，但易烫伤种子。种皮薄的花卉种子不宜采用此法。

4. 催芽

种子催芽是解除种子休眠和促进种子发芽的措施，通过催芽解除种子休眠，使种子适时出土，出土整齐，提高发芽率和成苗率，减少播量，提高苗木的产量和质量。催芽的常用方法有温水浸泡法、层积催芽及化学药剂打破休眠等方法。

（三）播种方法

1. 苗床播种

在室内固定的温床或冷床育苗是大规模生产种苗的常规方法。通常采用等距离条播，利于通风透光、施肥及间苗等管理，移栽起苗也方便。小粒种子也可撒播。播种后大粒、中粒种子一般覆以种子直径 2~4 倍厚的细土，小粒种子覆土厚度以不见种子为宜，需光种子播后不覆土。播种后至出苗前常覆地膜或喷雾保湿。

2. 穴盘播种

穴盘播种育苗是采用轻型基质和穴盘进行育苗的现代育苗方式。穴盘播种育苗涉及营养供应、基质选配和育苗环境控制等环节。穴盘播种育苗的特点是每一株幼苗都拥有独立的空间，水分养分互不竞争，幼苗的根系完整，可以大大提高花卉育苗的发芽率和整齐度，移植后的成活率接近 100%，移植后的生长发育快速整齐，商品率高，可以缩短培育时间，提高花卉的商品价格。

3. 苗盘播种

苗盘播种是现在普遍采用的方法，有各种容器可供选用，容器搬动与灭菌方便。移栽时易带土。小容器单苗培育，在移栽时可完全带土，不伤根，有利于早出优质产品。用一定规格的容器可配合机械化生产。在播种材料多、播种的量小及进行育种材料的培育时不易产生错乱。

4. 营养钵播种

营养钵为采用农用塑料薄膜或稻草等材料做成的圆筒形、方形等器具；型号较多，常用的规格为高 20cm、直径 10cm。营养土采用 $1m^3$ 土壤中加饼肥 6~10kg，或腐熟的堆、厩肥 50~100kg，拌和均匀而成，黏重土壤需掺总体积 1/3 的细沙。播种方法参考"苗床播种"，营养钵育苗有长势好、移栽不伤根、不受移栽时期的限制等优点。

第二节
花卉的无性繁殖

一、扦插繁殖

（一）概念

扦插繁殖是植物无性繁殖的方式之一，是通过截取一段植株营养器官，插入疏松润湿的土壤或细沙中，利用其再生能力，使之生根抽枝，成为新植株。按取用营养器官的不同又有枝插、根插、芽插和叶插之分。扦插时期，因植物的种类而异，一般草本植物对于扦插繁殖的适应性较强，除冬季严寒或夏季干旱地区不能行露地扦插外，凡温暖地带及有温室或温床设备条件者，四季都可以扦插。木本植物的扦插，一般分休眠期插和生长期插两类。

（二）优缺点

扦插繁殖简便、快速、经济，能保持原品种的优良特性；成苗快，开花早；繁殖材料充足，产苗量大；苗木初期生长快；繁殖容易。不易产生种子的花卉，多采用这种方法繁殖。但扦插苗寿命短于实生苗、分株苗和嫁接苗；根系较弱、浅；木本植物容易出现偏冠现象。

（三）应用

扦插繁殖在花卉苗木繁殖中应用十分广泛，既适合花圃大量生产，也便于家庭少量繁殖花卉。常见的如月季、茉莉、常春藤、菊花、豆瓣绿、虎尾兰、长寿花、米兰、绿萝和吊兰等多是用扦插方法繁殖的。

以月季扦插为例，露地扦插以5月和9月为宜，温室内扦插除了夏季均可。选择生长健壮、无病虫害的母株，将顶部花序剪除，以促其组织充实，1～2周后剪取成熟度高、腋芽饱满又未萌动的枝条做插穗。以扦插在草炭与珍珠岩（5∶1）的混合基质中成活率最高。先喷洒800倍甲基硫菌灵溶液，对基质进行消毒，然后把基质装入育苗平盘（深度约5cm），抚平后轻轻压实，喷洒清水后备用。将插穗剪至长5～7cm，上端平剪，剪口距顶芽1cm左右，下端斜剪成马耳形。保留上部2～3片复叶，以利于伤口愈合及生根。剪好的插穗浸在0.3%的高锰酸钾溶液中消毒5s，然后用ABT 2号（吲乙·萘乙酸）生根粉溶液浸泡下端20min。将插穗插入备好的基质中，叶片外露，株行距为5～7cm。把插穗周围的基质压实，使插穗与基质接触紧密。插完后，喷水至基质湿润，及时置入拱棚内。10～15d后可产生愈伤组织，生根率普遍高于90%。此时要注意棚内温湿度变化，温度保持在15～25℃，每隔5～7d喷水一次。拱棚适时放风，以保持空气畅通。插穗生根后逐渐揭开薄膜炼苗，当幼苗适应外界环境后，撤掉拱棚。幼苗长至5～7cm高时，即可移栽至营养钵内，随着苗子的生长，再逐渐换成大盆。

二、压条繁殖

（一）概念

压条繁殖是将植物的枝条在适当部位埋入土中或包上基质，给予生根的条件,待枝条在母体上生根后,再和母体分离成独立新株的繁殖方式。

(二)优缺点

压条繁殖的原理和枝插相似,只需在茎上产生不定根即可成苗。压条繁殖操作繁琐,繁殖系数低,成苗规格不一,不易大量生产,故多用于采用扦插、嫁接繁殖不易成活的植物,有时用于一些名贵或稀有品种,可保证成活率并能获得大苗。

(三)应用

压条繁殖多用于丛生性强的花灌木或枝条柔软的藤本植物。对一些发根困难的乔、灌木树种,可以通过高空压条的办法繁殖。根据压条生根的部位,压条繁殖法有地面压条和空中压条两种。地面压条根据压条的状态不同又分为单枝压条、水平压条、堆土压条等方法(图 3-1)。

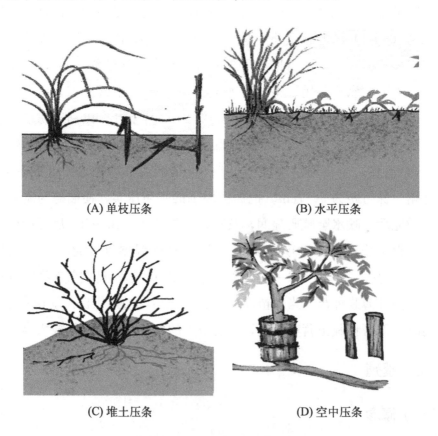

(A) 单枝压条　　　　　　　　(B) 水平压条

(C) 堆土压条　　　　　　　　(D) 空中压条

图 3-1　压条繁殖的常见类型

1. 地面压条

（1）单枝压条

单枝压条法是最常用的一种地面压条法。适用于枝条离地面比较近而又易于弯曲的树种，如迎春、木兰、大叶黄杨等。具体方法为在秋季落叶后或早春发芽前，利用1~2年生成熟枝进行压条。雨季一般用当年生的枝条进行压条。常绿树种以生长期压条为好。将母株上近地面的1~2年生的枝条弯到地面，在接触地面处，挖一深10~15cm、宽10cm左右的沟，靠母株一侧的沟壁挖成斜坡状，相对壁挖垂直。将枝条顺沟放置，枝梢露出地面，并在枝条向上弯曲处，插一木钩固定。待枝条生根成活后，从母株上分离即可。一个枝条只能繁殖一株苗，对于移植难成活或珍贵的树种，可将枝条压入盆中或筐中，待其生根后再切离母株。

（2）水平压条

适用于枝长且易生根的树种，如连翘、紫藤、葡萄等。通常仅在早春进行。即将整个枝条水平压入沟中，使每个芽节处下方产生不定根，上方芽体萌发新枝。待每节上根芽成活后分别切离母株栽培，一根枝条可得多株苗木。

还有一种特殊的水平压条，适用于枝条长而柔软或为蔓性的树种，如紫藤、荔枝、葡萄等。即将整个枝条波浪状压入沟中，枝条弯曲的波谷压入土中，波峰露出地面。使压入地下部分产生不定根，而露出地面的芽抽生新枝，待根芽成活后分别与母株切离成为新的植株，也称为波状压条。

（3）堆土压条

也叫直立压条，适用于丛生性和根蘖性强的树种，如杜鹃、木兰、贴梗海棠、八仙花等。于早春萌芽前，对母株进行平茬截干，灌木可从地面处剪除枝条，乔木可于树干基部刻伤，促其萌发出多根新枝。待新枝长到30~40cm时，即可进行堆土压埋。一般经雨季后就能生根成活，翌春将每个枝条从基部剪断，切离母株进行栽植。

2. 空中压条

空中压条在我国约有3000年的历史，亦称中国压条法，适用于木质坚硬不易弯曲的枝条，或树冠较高枝条无法压到地面的树种。园林上常用于繁殖含笑、米兰、杜鹃、山茶、月季、榕树、广玉兰、白兰花、红花紫荆等。空中压条在整个生长期都可进行，但以春季和雨季为好。一般在3~4月份选直立健壮的 2~3 年生枝，也可在春季选用上一年生枝，或夏末在木质化枝上进行。方法是将枝条被压处（距枝条基部 5~6cm 左右）进行环状剥皮，剥皮宽度视被压部位枝条粗细而定。花灌木一般在节下剥去 1~1.5cm，乔木一般剥去 3~5cm。注意刮净韧皮部和形成层，然后在环剥处包上保湿的生根材料，如苔藓、椰糠、锯木屑、稻草泥，外用塑料薄膜包扎牢。3~4 个月后，待生根基质团中普遍有嫩根露出时，剪离母株。为了保持水分平衡，必须剪去压条枝上大部分枝叶，并用水湿透生根基质团，再蘸泥浆，置于荫蔽处保湿催根。一周后有更多嫩根长出，即可假植或定植，如丁香、杜鹃、木兰多用此法繁殖。进行空中压条，一般常绿树是在生长缓慢期进行剪离移植，落叶树是在休眠期进行剪离移植。为防止生根基质松落损伤根系，最好在无光照弥雾装置下过渡几周，再通过锻炼使新株成活。高空压条成活率高，但易伤母株，大量应用有困难。

三、嫁接繁殖

（一）概念

嫁接繁殖是用植物营养器官的一部分，移接于其他植物体上。用于嫁接的枝或芽称接穗，被嫁接的植株称砧木，接活后的苗称为嫁接苗。嫁接繁殖是繁殖无性系优良品种的方法，常用于梅花、月季等。嫁接成活的原理，是具有亲和力的两株植物在结合处的形成层产生愈合现象，使导管、筛管互通，以形成一个新个体。其生理基础可概括为：形成层组织愈合、输导组织连通。具体过程为切口形成层及其他薄壁细胞迅速分裂形成愈伤组织填充砧木切口与接穗切口之间的间隙，薄壁细胞之间出现胞间连丝，原生质体相互连通，形成层连为一体，输导组织互相连结。

（二）优缺点

嫁接苗能保持优良品种接穗的性状，且生长快、树势强、结果早，因此利于加速新品种的推广应用；可以利用砧木的某些性状如抗旱、抗寒、耐涝、耐盐碱、抗病虫等增强栽培品种的适应性和抗逆性，以扩大栽培范围或降低生产成本；在果树和花木生产中，可利用砧木调节树势，使树体矮化或乔化，以满足栽培上或消费上的不同需求。用毛桃作砧木嫁接碧桃，枫杨嫁接核桃，提高耐涝性；用山桃作砧木嫁接碧桃，可增加耐寒性；柿子接在君迁子上，能适应寒冷气候；梨接在杜梨上，可适应盐碱土壤；苹果接在海棠上可抵抗绵蚜。选用适宜的矮化砧，使嫁接植株矮化（适用果树）。老树上进行高砧嫁接能"枯木逢春"。然而并非所有植物均能嫁接，被子植物主要是双子叶植物，裸子植物局限于球果类植物，此外相对于有性繁殖种苗，嫁接苗寿命较短，对嫁接技术要求较高。

（三）应用

嫁接能够提高花卉的品质及观赏性。嫁接苗比扦插苗生长快，生长优势比较明显，可提早进入花期，开花的时间长。对于扦插繁殖不易生根的花卉要保持再生植株原有品种的性状，必须通过嫁接繁殖来实现。嫁接苗的生长优势明显高于自根苗，因此在生产上，嫁接苗常用于繁殖扦插生根慢、根系发育不良及生长势弱的品种，如茶花和菊花的名贵品种。选具各种观赏特性的嫁接砧木，可以制作盆景植株。一些引进的花卉品种嫁接比扦插更安全，更利于扩大繁殖。

嫁接的方法很多，要根据花卉种类、嫁接时期、气候条件选择不同的嫁接方法。花卉栽培中常用的是枝接、芽接、髓心接等。

1. 枝接

以枝条为接穗的嫁接方法统称为枝接，按照切口的削切方式不同主要有切接法、劈接法、靠接法。

（1）切接法

取一年生健壮枝条，剪成5~8cm长、带2~3个芽的接穗。将砧木截干，在截面一侧稍带木质部纵切，深度2~3cm；将接穗大的切面向内插入砧木切口中，使砧木、接穗形成层对齐，接穗削面上端要露出约0.2cm。然后用塑料薄膜带等物由下向上将砧木和接穗连同接口绑扎好（图3-2）。

（2）劈接法

将砧木上部截去，再用劈接刀从砧木横断面中心垂直下切，深约3~4cm。接穗基部两侧削成3~4cm长的楔形，然后用刀撬开砧木切口后插入接穗，并使砧木、接穗的一侧形成层对齐。接穗和砧木切口、切面要平滑，连接部位要紧密，不能有空隙，否则接口处易通风失水，也易引起感染，致使嫁接成活率降低（图3-3）。

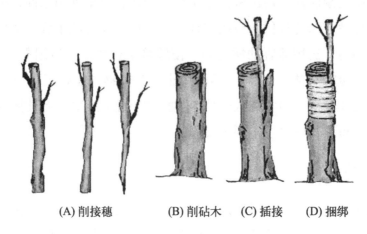

(A) 削接穗　　(B) 削砧木　　(C) 插接　　(D) 捆绑

图 3-2　切接法的操作步骤

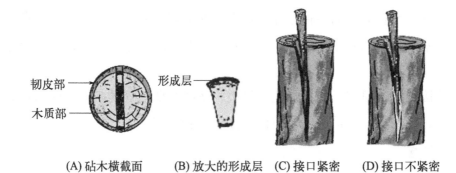

(A) 砧木横截面　(B) 放大的形成层　(C) 接口紧密　(D) 接口不紧密

图 3-3　劈接法的操作图示

（3）靠接法

嫁接前，先将接穗盆栽培养或砧木与接穗植株移植在一起，嫁接时将两植株茎上分别切出切面，深达木质部，然后使两者形成层紧贴扎紧（图 3-4）。成活后，剪去砧木上部和接穗的下部即可。切口处及时绑扎、封蜡或套袋等，降低失水和感染病害的概率，提高成活率。

2. 芽接

以芽为接穗的嫁接方法。在夏秋皮层易剥离时应用较多的嫁接方法，此法比枝接技术简单，省接穗，适用于大规模生产，在蔷薇、月季、杜鹃、梅花和丁香等的繁殖中广泛应用。主要的嫁接方法有"T"形芽接、嵌芽接。

图 3-4　靠接法的操作图示

(1)"T"形芽接

选择枝条中部健壮芽体,去除叶片,在芽上方 0.5cm 处横切,深入木质部,再从芽下方 1cm 处向上稍带木质部纵削至横切口处,去除木质部,芽片备用。在砧木近基部光滑部位,各进行一次横、纵切,深达木质部,呈"T"字形。用芽接刀轻轻把树皮自切口处剥开,将芽片嵌入,芽片上切口与"T"形上切口对齐靠紧,用剥开的砧木皮层包裹芽片,需露出芽及叶柄,再用塑料薄膜带绑缚,露出芽及叶柄(图 3-5)。

(A)取芽　(B)切砧　(C)装芽片　(D)包扎

图 3-5　"T"形芽接操作步骤

(2) 嵌芽接

砧木和接穗不易离皮时用此方法。从芽的上方 0.5～1cm 处向下斜切一刀，稍带部分木质部，长 1.5cm 左右，在芽下方 0.5～0.8cm 处向下斜切一刀取下芽片，同时在砧木适当部位切与芽片大小相应的切口，将芽片插入切口对齐形成层，芽片上端露出一点砧木皮层用塑料膜带扎紧（图 3-6）。

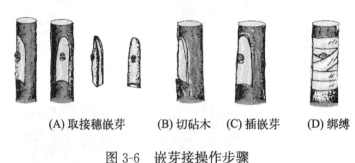

(A) 取接穗嵌芽　　(B) 切砧木　　(C) 插嵌芽　　(D) 绑缚

图 3-6　嵌芽接操作步骤

3. 髓心接

仙人掌类植物的茎肥厚多汁，嫁接方法与一般花卉不同，常采用接穗和砧木髓心愈合的嫁接方法，在温室内一年四季均可进行。操作方法如下：先将仙人球砧木上面切平，外缘削去一圈皮肉，平展露出仙人球的髓心；将仙人球接穗基部也削成一个平面；再将砧木和接穗平面切口对接在一起，中间髓心对齐；用细绳将砧木、接穗和花盆绑扎固定，置于半阴干燥处，1 周内不浇水，接穗成活后，小水勤浇即可（图 3-7）。

(A) 仙人球　　(B) 削接穗和砧木　　(C) 接穗和砧木对接固定

图 3-7　仙人球髓心接操作步骤

四、组织培养繁殖

(一) 概念

又叫离体培养,指利用植物的器官、组织、细胞和原生质体等,通过无菌操作,在人工控制条件下进行培养以获得再生的完整植株或生产具有经济价值的其他产品的技术。种子、孢子、营养器官均可用组织培养法培育种苗,许多花卉的组培繁殖已成为商品生产的主要育苗方法。

(二) 优缺点

可在不受植物体其他部分干扰情况下研究培养部分的生长和分化规律,可利用多种培养条件调控其生长发育,以探究植物的生长发育理论和快速繁殖机理。组织培养有效推动了生物科学中植物生理学、生物化学、遗传学、细胞学、形态学以及农、林、医、药等各门学科的发展和相互渗透,促进了营养生理、细胞生理和代谢、生物合成、基因转移、基因重组的研究。当前组织培养作为生物工程的一项重要技术,在基础理论研究和生产实践中发挥的作用与日俱增。因生产成本高于常规无性繁殖,应选择效益高、名特优、珍稀等植物种类进行组织培养繁殖,以取得更好的经济效益;组培苗存在炼苗难、移栽成活率较低的问题,可通过调控环境因素、选择适宜基质提高组培苗移栽的成活率。

(三) 应用

组织培养在花卉生产中应用非常广泛,除具有快速繁殖、繁殖系数大的优点外,还可通过组织培养获得无病毒苗。许多花卉,如百合属、萱草属、秋海棠属、喜林芋属、多种兰花、红掌、芍药、月季、杜鹃花、彩叶芋、香石竹、唐菖蒲、非洲菊、波士顿蕨、非洲紫罗兰及许多观叶植物用组织培养繁殖都很成功。

五、分生繁殖

(一) 概念

分生繁殖是人为地将植物体分生出来的幼植物体(如吸芽、珠芽等),

或者植物营养器官的一部分（如走茎和变态茎等）与母株分离或分割，另行栽植而形成独立生活的新植株的方法。园艺上多种植物体本身就具有自然分生能力，人工稍加处理即可快速提高其繁殖率。

（二）优缺点

分生繁殖是一种不脱离母体的营养繁殖方法。它是利用根上的不定芽、茎或地下茎上的芽产生新梢，待其在土壤中的部分生根后，切离母体，成为一个独立的新个体。显而易见，这种繁殖方法在植株发芽、生根过程中，母株可充分供给养分和水分，因此成活率较高。繁殖的新植株能保持母株的遗传性状，方法简便、易于成活、成苗较快；但繁殖系数较低，切面较大，易感致病菌等。

（三）应用

1. 分株繁殖

多应用于多年生、丛生类植物，将稍具植物母体雏形的部分分离出来作为繁殖材料。分株繁殖依萌发枝的来源不同可采取不同的分生方法。

（1）分短匍匐茎

短匍匐茎是侧枝或枝条的一种特殊变态，多年生单子叶植物茎的侧枝上的分蘖枝就属于此类，在禾本科、百合科、莎草科、芭蕉科、棕榈科中普遍存在。如竹类、天门冬属、蜘蛛抱蛋属、水塔花属、吉祥草、沿阶草、麦冬、万年青和棕竹等均常用短匍匐茎分株繁殖。

（2）分根蘖

根蘖是由根上不定芽产生的萌生枝，如凤梨等可分根蘖繁殖。

（3）分根茎

由茎与根相接处产生分枝，草本植物的根茎是植物每年生长新枝的部分，如玉簪、萱草、八仙花和荷兰菊等，单子叶植物更为常见。木本植物的根茎产生于根与茎的过渡处，如樱桃、蜡梅、紫荆、结香、棣棠、木绣球、夹竹桃、麻叶绣球等。此外，根茎分枝常有一段很短的匍匐茎，故有时很难与短匍匐茎区分。

2. 分球繁殖

分球繁殖是指利用具有贮藏作用的地下变态器官（或特化器官）进行繁

殖的一种方法。地下变态器官种类很多，依变异来源和形状不同，分为鳞茎、球茎、块茎、块根和根茎等。

六、孢子繁殖

（一）概念

孢子繁殖是无性生殖方式之一，在生物体的一定部位产生一种特殊的生殖细胞叫孢子，孢子的特点是能直接长成新个体，植物界中的藻类、菌类、苔藓、蕨类等植物都能用孢子繁殖。

（二）优缺点

孢子虽小，但形态多样性很高，它还会聚在一起形成独特的孢子囊群，如蕨类植物。科学界对植物这种极为古老的孢子繁殖方式了解也并不充分，很多进化、遗传和生态适应的过程还有待研究。

（三）应用

孢子繁殖为苔藓、蕨类、藻类和真菌类等植物繁殖的方式。自然界中，有很多植物既没有花，也没有种子，而是依靠独特的"孢子"来繁殖后代。孢子繁殖方式早在寒武纪的藻类植物中就盛行，如今依然是诸多的低等植物繁殖方式。

第三节 花卉的育苗

一、概念

花卉育苗是指在苗圃、温床或温室里培育种苗，待种苗长至一定大小时再移植至大田栽培。培育健壮小苗是花卉栽培的基础，俗话说"苗壮半收成"。育苗是一项劳动强度大、费时、技术性强的工作。

二、育苗的容器

（一）育苗穴盘

花卉育苗时常使用穴盘［图3-8(A)］，穴盘育苗是现代园艺最根本的一项变革，为快捷和大批量生产提供了保证。制造穴盘的材料一般有聚苯乙烯、聚氯乙烯和聚丙烯等。一般观赏类植物和蔬菜育苗穴盘用聚苯乙烯材料制成，尺寸为55cm×27.5cm，规格有50孔、72孔、128孔和288孔等。使用穴盘育苗不仅节省种子用量，降低生产成本，而且出苗整齐、移栽时不损伤根系，缓苗迅速，成活率高。

（二）育苗钵

育苗钵［图3-8(B)］种类繁多，形状多样，有圆形、方形、六棱形等，材料为聚乙烯或聚氯乙烯。目前生产上应用最多的为单个、圆台形塑料钵，底部有一个或三个排水孔，一般钵的上口直径6~10cm，下口直径5~8cm，高8~12cm。生产中应根据不同的种苗种类和苗龄来选择口径适宜的育苗钵。

（三）育苗块

将配制好的营养土或泥炭土，压制成块状［图3-8(C)］，之后用来播种育苗。育苗块应"松紧适度，不硬不散"。播种前浇透水，使营养土块充分吸水，否则很容易抑制种苗生长。

（四）育苗杯

是一种可生物降解的由植物秸秆制作的育苗容器，有连体［图3-8(D)］和个体两类。栽植时，将苗木和育苗杯一起移栽，可避免伤根。根据需要，可调整育苗杯降解时间。育苗杯降解后，可改善土壤结构，提高土壤肥力。育苗杯的使用省工省力，成本低廉，具有广阔的发展前景。

三、育苗基质的种类

近年来，随着工厂化育苗的迅速发展，育苗基质的研究成为热点，最初育苗基质常用材料为岩棉和草炭，后来出于保护环境的理念，各国又致力于

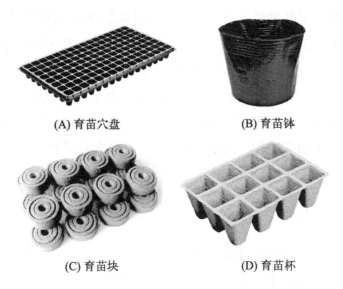

图 3-8　常见育苗容器

开发新的基质材料。我国起步较晚，近几年发展迅速，各地都因地制宜选配基质材料，如长江以南，加强对稻壳炭化后的合理使用；华北加强炉渣、草炭、锯末、蛭石等材料的配合使用；海南用椰糠；东北用草炭、锯末等；我国西北地区则加强对沙粒的使用等；而在山东、江苏、河南等地使用珍珠岩、草炭、蛭石等的复合基质。育苗基质的多样化，为蔬菜育苗、林业育苗、花卉育苗、水稻育苗等提供了巨大便利。

四、育苗的设施类型

根据设备和用途的不同，现有的育苗设施大致可分为两种类型：一是可以控制温度并有充足光照的温床和温室，可供播种或扦插；二是利用自然温度或生物热量的荫棚或阳畦，可供幼苗移栽和进行锻炼。各地可根据育苗种类、数量、要求、出圃时间等选用。

五、育苗的基本技术

（一）播种后的管理

为了培育壮苗，播种后要在苗床上覆盖塑料薄膜、遮阳网等，以便保温、保湿，同时要留有缝隙方便通风换气。当基质出现干燥迹象时，应及时用细孔喷壶喷水。苗床基质不能过干或过湿，也不可忽干忽湿。过干影响种子出苗，过湿种子易腐烂。干湿交替易使刚萌发的幼苗枯死，因此浇水应尽量均匀。出苗前浇水要适当多些，以保持床面湿润，便于种子吸水。种子发芽后及时去除覆盖物，便于其见阳光。若较长时间不去掉覆盖物，则幼苗徒长，生长柔弱，影响日后生长。出苗后要逐渐减少水分供应，促使根系往深处生长。一般情况下，花卉种苗长出真叶时，调整种植密度，密度过大应及时间苗，以利于幼苗健壮。当幼苗长到3～5片真叶时要进行分苗，增加株距和行距。

（二）分苗或间苗

种苗出土后，及时将病苗、黄化苗、弱苗、密度过大处的苗拔除的操作，称为间苗。把密度过大处的种苗移植到新的苗床继续栽培的操作，称为分苗。待种苗长至4叶1心时，将其分批次移植到大田栽植。间苗和分苗，共同点是均能防止苗挤苗，扩大种苗营养、光照面积，促使种苗加快生长，利于培育壮苗；不同点是间苗的种苗丢弃不用，分苗的种苗则继续栽植。

（三）炼苗

炼苗是指在保护地育苗的情况下，采取放风、降温、适当控水等措施对幼苗进行锻炼的过程，使其定植后能够迅速适应露地的不良环境条件，缩短缓苗时间，增强对低温、大风等的抵抗能力。

（四）囤苗

囤苗是指在定植前5～7天，以种苗为中心，按照一定的株行距切成方形土坨，然后将其整齐地排在栽培床内的一种栽培措施。囤苗初期，由于切割土坨时去掉部分根系，随着土坨逐渐失水变干，有效抑制了茎叶生长，而新根大量发生，增大了根冠比。囤苗后的秧苗在搬运和定植过程中不易散坨，定植后缓苗现象不明显。

（五）定植

将培育好的种苗移栽于生产田或较大容器中的过程，称为定植。定植可降低栽植密度，增大植株生长空间，便于更好地进行光合作用。定植时，可采用沟栽或者穴栽方式，覆土至种苗的生长点以下，适度镇压土壤，并浇透水。有时为了减少蒸腾，可覆盖地膜或拱棚，也可加盖遮阳网。之后，保持土壤或基质湿润，直至植株成活。

【本章知识结构图】

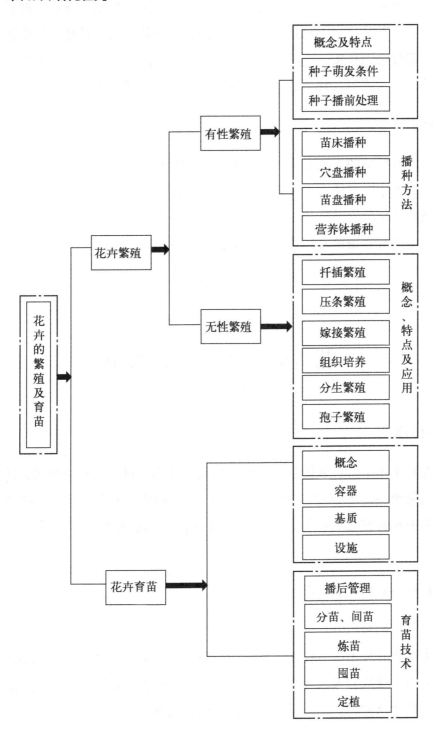

【练习题】

一、名词解释

有性繁殖、浸种、催芽、扦插繁殖、压条繁殖、单枝压条法、波状压条法、水平压条法、堆土压条法、空中压条法、嫁接繁殖、枝接、切接法、劈接法、靠接法、芽接、"T"形芽接、嵌芽接、髓心接、组织培养繁殖、分生繁殖、孢子繁殖、育苗、分苗、间苗、炼苗、囤苗、定植。

二、问答题

1. 花卉繁殖的方法有哪几类，有什么优缺点？
2. 结合生产实践，参考教材内容，简要阐述影响扦插生根的主要因素和促进插穗生根的常见措施。
3. 叙述分生繁殖和压条繁殖的方法。

生产实训二
花卉的实生繁殖和育苗

一、目的要求

花卉实生繁殖是繁衍后代、保存种质资源的手段，只有将种质资源保存下来且繁殖一定的数量，才能在园林中大量应用。通过花卉的播种育苗实训，掌握花卉有性繁殖的基本方法、播种技术和播种苗的养护管理技术措施等。

二、材料用具和实训地点

1. 材料用具

大粒花卉种子、中粒花卉种子、小粒花卉种子、喷壶、园土或基质（草炭、蛭石、珍珠岩等）、铁锹、铲子、筛子、穴盘、苗盘、地膜、遮阳网和农药（广谱杀菌剂：多菌灵、百菌清、代森锰锌等）等。

2. 实训地点

当地露地栽培田、日光温室、连跨温室、拱棚等。

三、方法步骤

教师现场讲解示范操作。学生分两组：一组操作露地播种；另一组操作穴盘、苗盘播种，完成后轮换。

（一）露地播种

1. 浸种催芽

选取优质种子，浸入 30～50℃ 的温水中 2～4h，转入广谱杀菌剂溶液 10～20min，取出后清洗干净，包裹于湿润纱布中，放在适宜温度的避光环境下发芽（温带植物种子为 20～25℃；热带植物种子为 25～30℃），待种子露白后备用。

2. 整地作畦，准备苗床，做垄（畦）播种

为改善床土的理化性质，提高地温，在播种前要翻晒土壤。施入肥料，浇水造墒，做垄或畦，按株行距播大粒（点播）、中粒（条播）和小粒种子（和细沙混匀，采取条播或撒播）。

3. 播种后管理

苗床覆盖地膜，再覆盖遮阳网。保持苗床湿润，待种子萌芽出土后，逐步去除遮阳网，7～10d 施肥 1 次；15～20d 喷施广谱杀菌剂 1 次，预防病害；及时去除田间杂草（人工除草或喷施除草剂）；待种苗长至 2 叶 1 心时，适度间苗或分苗，4 叶 1 心时移栽定植。

（二）穴盘、苗盘播种

1. 浸种催芽

同露地播种。

2. 培养土配制和消毒

常用园试配方，草炭∶蛭石∶珍珠岩＝2∶2∶1，也可采用多种成分混配（参考表 4-2），但要满足干净、质地较细、松软、肥力较高等要求。为确保苗期不发病或少发病，及时进行培养土消毒，常用晒土消毒、热力消毒、药剂消毒等，药剂消毒常用福尔马林 100 倍液，喷施土壤，混匀堆土，密封 7d 后通风备用。

3. 播种

将培养土放入育苗盘中，压实直至距容器上沿 1~2cm。穴盘育苗时，大粒种子 1~2 粒/穴；中粒种子 2~3 粒/穴；小粒种子常采用苗盘撒播育苗。覆土时，好光性种子以不见种子为宜，嫌光性种子覆土厚度为种子粒径的 2 倍，并覆盖薄膜保湿。

4. 播种后管理

常用浸盘或洒水方式浇水，洒水时水流要细柔，防冲刷种子。7~10d 施肥 1 次；待种苗长至 2 叶 1 心时，适度间苗或分苗，4 叶 1 心时移栽定植。

（三）播种后的统计

每周统计 1 次种苗生长情况，按下表记录。

植物名称	播种后周数	发芽天数	发芽势	生长状况	4 叶 1 心天数

生产实训三
花卉的无性繁殖和育苗（以扦插繁殖为例）

一、目的要求

了解园林植物扦插育苗的原理、繁殖过程及影响扦插成活的因素，练习插穗采集、剪切及扦插的方法，初步学会插穗选择、剪切、扦插及插后管理的技术。

二、材料用具和实训地点

1. 材料用具

容易生根的一些花卉的枝条或叶片；NAA、IBA、生根粉等；塑料薄膜、腐殖土、珍珠岩、竹片、育苗盘、枝剪等。

2. 实训地点

当地日光温室、拱棚、苗木生产基地、育苗企业。

三、方法步骤

1. 基质和插床的准备

选取草炭、河沙、珍珠岩、园土、腐叶土等中的 2~3 种，混匀，使扦插基质疏松、透气、保湿。采用晒土消毒、热力消毒、药剂消毒等方式对基质杀菌消毒。扦插基质备好后，均匀铺在插床上，基质厚度 8~10cm。

2. 硬枝扦插

常在早春和晚秋休眠期进行。剪取 1 年生枝条 10~15cm，含 3 个以上饱满芽，插条上端为平口，下端为斜口，每 50 或 100 枝一捆，下端对齐，下端 5~7cm 浸入 100~1000mg/L 的 NAA 或 IBA 溶液 30~60min（秋冬季采的枝条，捆成捆进行沙藏越冬）。扦插深度为插条长度的 2/3，株行距约 10cm。用细眼喷壶浇透水，覆盖塑料薄膜和遮阳网，每天通风 30min。待插穗愈伤组织长好后，控制浇水量，见干再浇，促进根系的生长。

待根系长至 5cm 时，炼苗后选阴天或早晚移栽，移栽前 1d 浇透水，保持床面松软，防止伤根。小苗取出后，去除基质，即可移栽。

3. 嫩枝扦插

常在夏季进行。剪取 1 年生枝（长 6~15cm，含 2~4 节），尽量保留芽眼和叶片，以进行光合作用，促进枝条生根。叶片较大枝条常保留 2~3 片叶，并剪去叶片的 1/2 或 1/3，以减少蒸腾。芽上 2cm 处平剪，下端在叶片或腋芽之下剪成马耳形斜切口，下端 2~3cm 浸入 100~1000mg/L 的 NAA 或 IBA 溶液 5~10min，用湿润材料包好备用。

扦插和扦插后的管理同硬枝扦插。

4. 叶片扦插

适用于易从叶上发生不定芽及不定根的植物种类，大多叶柄、叶脉较粗，叶片肥厚，根据选取叶片面积的大小，分为全叶插和片叶插。

（1）全叶插

选取健壮嫩叶，切去叶柄，将叶片平铺于基质表面，以铁针或竹针固定于基质上，下面与基质紧贴；或叶片直插入基质 2~3cm。覆盖塑料薄膜和遮阳网，保持基质湿润，直至生根和长芽。适用于大岩桐、非洲紫罗兰、豆瓣绿、虎尾兰等。

（2）片叶插

选取健壮嫩叶，分切成数块，保持每块上均有一条主脉，再剪除叶脉较薄的部分，以减少水分的蒸发，然后将其下端插入基质中，覆盖塑料薄膜和遮阳网，保持基质湿润，直至叶脉基部产生幼小植株。然后将这些小植株切割后另行栽植即可。适用于蟆叶秋海棠、大岩桐、豆瓣绿、虎尾兰等。

扦插时注意切不可上下颠倒。

四、作业

1. 记录生产实训过程，整理成报告。
2. 填写下表调查扦插成活率。

植物名称	扦插日期	扦插数量	生长调节剂处理时间	硬枝扦插			嫩枝扦插			叶片扦插			生根株数	成活率	未生根原因
				生根部位	生根数	平均根长	生根部位	生根数	平均根长	生根部位	生根数	平均根长			

第四章 花卉的栽培管理

【本章概要】 主要介绍了多种类型花卉的生物学特征、栽培需要的环境条件；重点介绍了几种代表性花卉的栽培管理技术。通过不同花卉栽培技术的比较，学生能够理解不同种类花卉需要的栽培条件的特殊性和普遍性，以便及时解决花卉生产过程中出现的问题。

【课程育人】 花卉的栽培管理需要扎实的专业知识和过硬的专业技能，通过学习本章内容有助于培育学生脚踏实地的职业素养、积极践行的实践精神、勇于开拓进取的创新意识。

第一节 花卉的主要栽培方式和技术

一、花卉的露地栽培

花卉的露地栽培是指在设施外或无其他遮盖物的土地上种植花卉的一种栽培方式。露地栽培适合当地的所有花卉，主要用于一二年生花卉、宿根花卉、球根花卉与木本花卉的种植。露地栽培具有耗费低、设备简单、生产技术简便等优点，但也经常受到不良气候条件的影响，造成巨大的损失。露地花卉的栽培管理主要包括土壤选择与管理、间苗和移栽、灌溉与排水、施肥、中耕与除草、整形与修剪和防寒越冬等七个环节。

（一）土壤选择与管理

土壤是指地球陆地表面的一层疏松多孔的物质，由各种颗粒状矿物质、有机物质、水分和空气等组成，能生长绿色植物。土壤颗粒大小不一，组成和化学性质不同，土壤肥力也不一样。

1. 土壤质地类型

土壤质地是指土壤中各粒级占土壤质量或重量的百分比组合。土壤质地是土壤的最基本物理性质之一，对土壤的透气性、保水性、耕性以及养分含量等都有很大的影响，是评价土壤肥力和作物适宜性的重要依据。不同质地的土壤往往具有明显不同的农业生产性状，了解土壤的质地类型，对农业生产具有指导价值。

（1）砂质土

又名砂土，指粒径大于2mm颗粒含量不超过全部质量或重量的50%，而粒径大于0.075mm的颗粒含量超过全部质量或重量50%的土壤。砂质土含砂粒多黏粒少，粒间孔隙大，毛管孔隙少，透水排水快，保水保肥能力差，热容量小，昼夜温差大，有机质分解快，速效肥料易随水流失，肥效快但持续时间短。所以砂质土要增施有机肥，适时追肥，薄肥勤施。砂质土适宜耐干旱花卉的栽培。

（2）黏质土

又名黏土，指粒径大于0.075mm的颗粒含量不超过全部质量或重量50%的土壤。黏质土含黏粒多砂粒少，土壤黏重，易结块，粒间孔隙小，毛管孔隙多，透水透气能力差，保水保肥能力强，热容量大，昼夜温差小，有机质含量多分解慢，肥效慢但持续时间长。早春升温慢，不利于花卉幼苗生长。除少数喜黏土种类外，大部分花卉不适应此类土壤。

（3）壤质土

又称壤土，指土壤颗粒组成中黏粒、粉粒、砂粒含量适中，颗粒大小多在0.02~0.2mm之间的土壤。质地介于黏质土和砂质土之间，兼有黏质土和砂质土的优点，通气透水、保水保温性能都较好，耐旱耐涝，抗逆性强，适种性广，适耕期长，易培育成高产稳产土壤，也是较理想的花卉生产土壤。

2. 土壤结构

是指土壤颗粒（包括团聚体）的排列与组合形式。在田间鉴别时，通常指那些不同形态和大小，且能彼此分开的土块或土团。土壤结构是成土过程或利用过程中由物理的、化学的和生物的多种因素综合作用而形成的，主要有块状、核状、棱柱状、片状和团粒等。团粒结构土壤最适宜花卉的生长，是最理想的土壤结构。团粒结构是由土壤腐殖质把矿质颗粒黏结成的0.25~10mm的土块，大体呈球形，疏松多孔，有较好的水稳定性、机械稳定性和生物稳定性。团粒结构稳定性强、透气保水、保温保肥，利于种子萌发和根系生长。

3. 土壤结构改良措施

砂质土和黏质土均不适合绝大多数花卉的生长，需要通过一定的措施将其向土壤团粒结构改良，生产中常见的改良措施如下。

（1）大量施用有机物质

有机物质除能提供作物多种养分元素外，其分解产物多糖、多肽和重新合成的腐殖物质是土壤颗粒良好的团聚剂。腐殖物质分子量大、结构疏松、官能团多，像一张网一样将砂质土黏结成团粒结构；同时又将黏质土切割分裂成团粒结构。因此大量施用有机物质是改良土壤质地的重要措施。一般来说，采收后的秸秆直接粉碎还田（配施少量化学氮肥以调节碳氮比）比沤制后施入土壤的效果更好。

（2）实行合理的耕作制度

园林植物的根系能促进土壤团粒结构的形成，多年生草本植物每年供给土壤的糖类、蛋白质及其分泌物最多，其次是一年生草本植物，木本植物最少。实行作物合理轮作有助于促进团粒结构的形成，保持土壤肥力。生长季种植商品花卉，冬季种植一年生豆科绿肥比如紫云英和苜蓿，能明显增加土壤团粒结构的含量，部分禾本科植物比如稗草、黑麦草则对土壤的团粒结构有一定的破坏作用。采用免耕、少耕和土壤覆膜技术可减少对土壤结构的破坏；在土壤含水量适宜时耕作，也利于保持原有的土壤结构；在水田地区，采用水旱轮作，减少土壤淹水时间，利于提高土壤透气性，改良土壤结构，促进作物增产。

(3) 施用土壤结构改良剂

土壤结构改良剂是指通过物理、化学和生物学等技术合成的，能够改善和稳定土壤结构的制剂。主要包括天然结构改良剂和人工合成结构改良剂2类。土壤结构改良剂通常指人工合成结构改良剂，只需要土壤质量万分之几到千分之几的用量，就能快速形成稳定性好的土壤团聚体，利于城市绿化和园林植物的生产。

① 天然结构改良剂　是利用天然有机物，如农作物秸秆、农林废弃物、草炭、碎石、树脂等为原料，从中提取多糖、纤维素、木质素、腐殖酸和矿物质等作为团粒的胶结剂。主要包括腐殖酸类、多聚糖类、纤维素类和木质素类。与人工合成结构改良剂相比，天然结构改良剂施用量较大，形成的团粒结构体稳定性较差，且持续的时间较短。

② 人工合成结构改良剂　它于20世纪50年代在美国问世，常见的有四种：聚乙烯醇（PVA），属非离子型聚合物，白色粉末，能溶于水；沥青乳剂（BIT），有黏结力，喷施后在土粒周围形成沥青胶结的薄膜，固定在土粒接触处将其联结起来，形成较为理想的团粒结构；水解聚丙烯腈（HPAN），黄色粉末，溶于水；聚丙烯酰胺（PAM），为银灰色粉末，水溶性好。其中以聚丙烯酰胺较有推广前景，其价格低，改土性能好，改良土壤效果可维持2～3年。

4. 整地作畦

整地是指花卉等植物播种或移栽前进行的一系列土壤耕作措施的总称，主要包括浅耕灭茬、翻耕、深松耕、耙地、镇压、平地、起垄、作畦等。目的是创造良好的土壤耕层构造和表面状态，协调水分、养分、空气、热量等因素，提高土壤肥力，为播种和作物生长、田间管理提供良好条件。

整地深度根据花卉种类及土壤情况而定。一二年生花卉根系不发达，生长时间短，宜浅耕，一般20～30cm；宿根花卉和球根花卉根系较发达，生长时间长，宜深耕，一般30～40cm。砂质土宜浅耕，黏质土宜深耕；新开垦的土地宜深耕并施用大量有机肥和三元复合肥，以提高土壤肥力，满足栽培需求。

土壤干湿适度时进行整地，以便破碎土块。主要作业包括浅耕灭茬、翻耕、耙地、平地和起垄等。

① 浅耕灭茬　前茬作物收获后，用灭茬圆盘耙或旋耕犁等农具进行浅

耕，疏松表层土壤，耙碎作物残茬，清除杂草。

② 翻耕 将土壤铲起、松碎并翻转的一种耕作方法。将肥料、残茬、杂草等埋入土壤，是整地的中心环节。

③ 耙地 翻地后用各种碎土工具破碎平整土地，起到疏松表土、保水、平整地面、去除残茬和杂草的作用。

④ 平地 用平土机械将土壤表面进行平整的作业。利于播种、浇水和田间管理。

⑤ 起垄 用起垄机械在田间筑成高于地面的狭窄土垄的作业。能增加土层厚度、提高地温、改善通气和光照状况、便于排灌。

⑥ 作畦 畦是用土埂、沟或走道分隔成的植物种植小区，分为平畦和高畦。平畦多用于北方干旱地区，畦面两侧有畦埂，便于灌溉和保留水分，利于土壤保湿。畦面通常宽为100cm，根据植株冠层大小栽植1~4行，与畦的长边平行。高畦一般高出地面20~30cm，常用于南方多雨地区及其低湿地，畦面两侧低沟用于排水，降低畦面栽培植株遭受水涝灾害的概率。

（二）间苗和移栽

1. 间苗

间苗又称疏苗。当播种量超过留苗量，造成幼苗拥挤，为保证幼苗有足够的生长空间和照光面积，应及时去除部分幼苗，选留壮苗，使苗间空气流通、日照充足。适时间苗、定苗，可避免幼苗拥挤，相互遮光，节省土壤水分和养分，利于培育壮苗。

露地播种的花卉一般间苗两次。第一次在幼苗出齐或子叶发生后，每墩留苗2~3株，按一定的株行距将多余的拔除；第二次间苗也叫定苗，在幼苗长到3~4片真叶时进行，除准备成丛栽植的草花外，一般每墩均留一株壮苗，间下的幼苗可以补栽缺株，对一些耐移植的花卉，还可以栽植到其他的苗圃。间苗后应及时浇水，防止在间苗过程中根系被松动的幼苗缺水干死。

2. 移栽

露地花卉，除了需要直播不宜移栽的种类外，大多数种类是先在苗床育苗，经分苗和移植后，定植于既定的栽培地。移栽的主要作用为加大幼苗植株间的株距和行距；促使侧根发生；抑制或减缓徒长。移栽的主要环节为确定移栽时期、起苗和栽植。

① 确定移栽时期　在无风或微风阴天移栽最佳，高温有风天气时，移栽应在下午 4:00 后进行，防止强光灼伤幼苗。降雨后移栽，幼苗的成活率较高，移栽时土壤不宜过湿。

② 起苗　将生长在苗床或苗圃地的幼苗取出，并移出苗床或苗圃地的生产环节称为起苗。分为裸根起苗和带土起苗。裸根起苗时应注意将幼苗带土取出，轻轻抖落根系附着的土壤，减少对根系的伤害，及时移栽。如因天气情况不能移栽时，及时假植，以免嫩叶、嫩茎和细根失水，影响成活。

③ 栽植　按一定的株行距开种植沟或种植穴，栽入幼苗。栽植时，覆土位置到植株的根茎部，生长点之下。覆土太深，土壤对根系的压力大，根系不能正常生长，影响成活；覆土太浅，根系外露易失水，植株易倒伏。裸根栽植时，要将幼苗根系舒展在种植沟或种植穴中，再覆土。覆土后要适度镇压，使根系和土壤紧密接触，利于根系吸收土壤中的水和肥料。

（三）灌溉与排水

灌溉与排水是露地花卉栽培过程中的重要环节。因天然降雨量和降雨频率具有明显的不确定性，在降雨量偏少的生长季节，需要及时灌溉；在降雨较多的季节，需要及时排水。

1. 灌溉种类

灌溉，即用水浇地。灌溉原则是灌溉量、灌溉次数和时间要根据露地花卉需水特性、生育阶段、气候、土壤条件而定，要适时、适量，合理灌溉。常见灌溉时期有播种前灌水、催苗灌水、生长期灌水及冬季灌水等。主要的灌溉方法有漫灌、喷灌、微喷灌、滴灌和渗灌。

（1）漫灌

以前用人工，后来用牲畜、机械和电力，将水引入栽培畦，畦中水以薄层水流沿畦面向前推进，直至湿润整个耕层土壤。我国北方地区常用此方法，南方地区则几乎不用。因栽培畦漫灌比较浪费水资源，需要较多的劳动力，并且容易造成地下水位抬高，易使土壤盐碱化，在发达国家已经逐渐被淘汰。但由于只需要少量的资金和技术，在多数发展中国家中仍然被广泛使用。

(2) 喷灌

利用喷灌设备，使水在高压下通过喷嘴喷至空中，呈雨滴状落在周围植物上的一种灌溉方式。其优点为节约用水、灌溉均匀、用水量精准；可增加空气湿度，具有快速降温的作用。

喷灌系统有两种形式：移动式和固定式。移动式喷灌（图 4-1）的喷水量、喷灌时间和喷灌间隔时间均能自动控制，简单方便，在露地栽培中常被采用。相比之下，固定式喷灌（图 4-2）的设备较简单，且不能移动，在地形复杂的露地花卉栽培中应用受限。此外，生产上广泛采用全光照自动间歇性喷灌装置，自动控制喷灌次数和喷灌时间，在规模化花卉扦插育苗中应用较多。

图 4-1　移动式喷灌

图 4-2　固定式喷灌

(3) 微喷灌

微喷灌是利用折射、旋转或辐射式微型喷头将水均匀地喷洒到植株枝叶等区域的灌水形式。微喷灌的工作压力低、流量小，既可以定时定量地增加土壤水分，又能提高空气湿度，调节局部小气候，广泛应用于花卉、蔬菜、果园、茶和药材种植场所，以及扦插育苗等区域的加湿降温（图4-3）。

图4-3　微喷灌

(4) 滴灌和渗灌

滴灌是利用塑料管道将水通过直径0.5~0.9mm毛管上的孔口或滴头以液滴的形式送到植株根部进行局部灌溉的方式（图4-4）。渗灌即地下滴灌，是利用地下管道将灌溉水输入田间埋于地下一定深度的渗水管道，借助

图4-4　滴灌

土壤毛细管作用湿润土壤的灌水方法。二者是干旱缺水地区最有效的一种节水灌溉方式，水的利用率可达95%，结合施肥，可提高肥效一倍以上。主要优点是节水、节肥、省工；容易控制温度和湿度；易于保持土壤结构；改善品质，增产增效。同时也存在管道易堵塞，盐分在土壤表面富集，限制植株的根系生长等缺点。

2. 节水灌溉技术

（1）花卉的调亏灌溉

指在花卉植株生长发育某些阶段（主要是营养生长阶段）主动减少水分供应，促使光合产物的分配向观赏器官倾斜，以提高其观赏器官产量的节水灌溉技术。该技术可显著提高水分利用效率而不降低甚至可增加观赏器官的产量。调亏灌溉技术常在唐菖蒲、菊花、百合和郁金香等花卉栽培中应用，通常节水10%～20%。

（2）隔沟交替灌溉

为了节约用水，对一些植株采用隔行灌溉和隔沟灌溉的技术。适当的水分亏缺对提高植株产量有一定促进作用。前期合理的水分胁迫可增强植株生长后期抗旱强度，对植株及时复水可明显提高根系的补偿生长，增加植株生长速率。栽培田灌溉水中仅有1%～2%被植株吸收用于器官的生长，其余绝大部分水以植株蒸腾和土壤蒸发的形式流失，隔沟交替灌溉的水量是漫灌水量的50%～60%，因此隔沟交替灌溉水量足以满足植株正常的生长。隔沟交替灌溉过程中，经过干湿交替胁迫锻炼，作物根部水肥吸收能力和物质运输功能得到显著提高，作物适应环境的能力增强，养分和水分利用率进一步提高，更有利于植株生长。

甘肃省推行大田玉米隔沟交替灌溉技术，在保持高产下节水33.3%，效果显著，且投入不增加，因此在几年前被列为当地节水技术推广计划。目前，隔沟交替灌溉技术逐步推广到花卉领域，比如牡丹、月季、大叶黄杨、红叶石楠和海桐等多年生灌木中。

3. 排水

在南方多雨季节，花卉生产田易遭受水涝，情况严重时植株易窒息死亡，因此建造排水设施是必要的农业措施。目前常采用开挖排水沟、暗井、暗渠的方式排水。

(四) 施肥

是指将肥料施于土壤中或喷洒在植物上，提供植物所需养分，并保持和提高土壤肥力的农业技术措施。科学施肥可改善土壤质地，提高土壤肥力，利于植株提高产量和品质。

1. 肥料的种类

(1) 有机肥

指天然有机质经微生物分解或发酵而成的一类肥料。包括绿肥、人粪尿、厩肥、堆肥、沤肥、沼气肥和农林副产品等。其特点为来源广，数量大；养分全，含量低；肥效迟而长，须经微生物分解转化后才能为植物所吸收；改土培肥效果好。有机肥完全腐熟后再用，主要作基肥，施用量取决于土壤质地、土壤肥力和植物种类，一般绿肥、厩肥、堆肥、沤肥和沼气肥应多施，人粪尿、饼肥和骨粉等宜少施。部分有机肥和过磷酸钙、氯化钾等混施效果更好。

(2) 无机肥

也称化肥，用化学和（或）物理方法制成的含有一种或几种植物生长需要的营养元素的肥料。包括氮肥、磷肥、钾肥、微肥、复合肥料等。氮肥主要有尿素、硝酸铵、硫酸铵、氯化铵、碳酸氢铵等；磷肥主要有过磷酸钙、重过磷酸钙、钙镁磷肥、磷矿粉等；钾肥主要有氯化钾、硫酸钾、磷酸二氢钾、硝酸钾等。含有氮、磷、钾三种营养元素中两种营养元素的肥料称为二元复合肥，含有三种营养元素的肥料称为三元复合肥，也称完全肥。花卉的施肥不宜施用只含一种营养元素的单纯肥料，氮、磷、钾三种营养成分应配合施用。生产中，肥料袋外包装上注明 30-10-20 的肥料，表示含氮（N）30%，磷（P_2O_5）10%，钾（K_2O）20%。采用肥料水溶液施用浓度一般为 1%～3%，叶片施肥浓度一般为 0.1%～0.3%。

2. 施肥时期和施肥量

(1) 基肥

指花卉播种或定植前、多年生花卉在生长季末，结合土壤耕作所施用的肥料。花卉种类不同，基肥的施用时期不同。一二年生花卉在播种或定植时，结合翻地施用，常施用有机肥和（或）完全肥。多年生花卉在生长季末，植株顶端生长停止后，施有机肥和（或）完全肥，对冬季或早春根部的继续生长有促进作用。

(2) 追肥

指在花卉生长期间为补充和调节植株营养而施用的肥料。追肥施用时期和次数受到花卉种类、生长发育阶段、气候、土壤质地和肥料种类的影响。苗期、生长期、开花前和开花后应追肥，雨季和砂质土壤追肥时要薄肥勤施。对于速效肥、易淋溶和易被土壤吸附固定的肥料如硝酸钾、碳酸氢铵等，宜稍提前施用。对于缓释肥如有机肥，宜提前施用。固体肥施用后，应及时浇透水；为了提高肥料利用率、节省劳动力，最好施用肥料的水溶液（水肥耦合）。

(3) 施肥量

花卉的施肥量因花卉种类、栽培基质和肥料类型的不同而不同。一般情况下，生长量小的花卉可少施，生长量大的花卉宜多施。喜肥植物比如一串红、菊花、牡丹、月季等应多施，耐瘠薄植物比如兰花、山茶、金鸡菊、钓钟柳等宜少施。砂质土壤宜薄肥勤施，黏质土壤施肥量大一些，施肥次数少一些。速效肥适量施用，缓释肥适当多施。花卉的年均施肥量如表 4-1 所示。

表 4-1 花卉的年均施肥量　　　　单位：$kg/100m^2$

花卉种类	氮肥(N)	磷肥(P_2O_5)	钾肥(K_2O)
草本花卉	0.9～2.5	0.7～2.5	0.7～1.8
球根花卉	1.5～2.5	1.0～2.5	1.8～2.8
宿根花卉	1.2～2.3	0.8～2.2	1.5～2.5

要得到准确的施肥量，应结合植物营养和土壤营养状况来确定。施肥量的计算方法为

$$施肥量 = \frac{元素植物吸收量 - 元素土壤供给量}{肥料利用率 \times 肥料元素百分含量}$$

农业生产中，肥料中元素的种类和含量测定工作繁琐，测定费用较高。人们经常凭经验施肥，大多采用薄肥勤施的方法。

3. 施肥方法

(1) 撒施

指将肥料均匀撒于土壤表面并进行耕作的施肥方法。常用于基肥或植株密植时的追肥，撒施方便、简单、效率高，但不容易控制施肥量。

(2) 穴施

也叫点施，按预定的行距和株距或冠层在土壤表面垂直投影外侧挖穴，放入肥料的施肥方法。常用作灌木和乔木的基肥或追肥，方法简单，但工作量大，效率低，不易控制施肥量。

(3) 沟施

也叫条施，在栽培行间靠近植株根系的土壤开沟，将肥料施入的施肥方法。常用于株距较小的草本花卉和小灌木，方法简单，效率较高，但不易控制施肥量。

(4) 灌溉施肥

指肥料随同灌溉水进入栽培田的施肥方法。可配合漫灌、喷灌和滴灌，灌溉施肥能显著提高肥料的利用率；节省肥料和劳动力；灵活、方便、准确调控施肥量和施肥时间；养分吸收速度快；改善土壤的环境状况；较适合微量元素肥的应用；发挥水、肥的最大效益；利于保护环境。是目前最常用的施肥方法，也是今后重点推广的施肥方法。

(5) 叶面施肥

也称根外施肥，是指将含有多种营养成分的有机或无机营养液，按一定的剂量和浓度，喷施在植物的叶面上，起到直接或间接供给养分的作用。这种方法肥效快、作用强、用量省、效率高，也存在肥效短等缺陷，可作为土壤施肥的重要补充。

（五）中耕与除草

1. 中耕

是指对土壤进行浅层翻倒、疏松表层土壤。作用主要为疏松表土，去除杂草，减少水分蒸发，提高土温，促进土壤中空气流通和有益微生物的繁殖，进而促进土壤中养分的分解和转化，为花卉根系的生长和养分的吸收创造良好的环境。中耕深度依花卉根系的深浅及生长时期而定，浅根系花卉应浅耕，深根系花卉应深耕；近苗位置应浅耕，株行中间应深耕；苗期应浅耕，生长发育期应深耕，生育后期应浅耕。浅耕深度一般为3～5cm，深耕深度一般为20～30cm。

2. 除草

是指通过人工、机械或喷施除草剂将栽培田中的杂草去除的方法。除草有利于减少土壤中养分和水分的损失，有利于植株的生长发育。除草的原则为"除早、除小、除了"，除草要抓住有利时机除早、除小、除彻底，不得留下小草，以免引起后患。规模化种植的花卉通常采用除草剂除草。

（1）除草剂的种类

① 灭生性除草剂　又称非选择性除草剂，是对植物缺乏选择性或选择性较小的除草剂。它对大部分杂草和花卉均有伤害作用，如百草枯、草甘膦等。此类除草剂主要用于道路两旁、花卉换茬期间的土壤除草。当有花卉栽植时不能喷施该类除草剂，防止灭杀花卉植株。

② 选择性除草剂　指只灭杀某一种或某一类杂草，对花卉苗木的生长没有明显影响的除草剂。如喹禾灵（禾草克）、烯禾啶（拿扑净）等可以灭杀单子叶杂草保护双子叶花卉；苯磺隆则用于灭杀双子叶杂草保护双子叶花卉，这些均为花卉生产中最常用的除草剂。

③ 内吸性除草剂　指喷施到杂草的花、叶片、茎、根等器官后，在植株体内被传导到其他器官，进而将草灭杀的除草剂。此类除草剂主要为如草甘膦、扑草净、氟吡甲禾灵（盖草能）等。

④ 触杀性除草剂　指喷施到杂草的花、叶片、茎、根等器官后，将细胞和组织损伤，进而杀死杂草的除草剂。常见的种类有除草醚、敌稗、乙氧氟草醚（果尔）、噁草酮（噁草灵）等。除草剂的选择性是相对的，超过用量、施用方法不当或使用时期不当，都会丧失对杂草的选择性而伤害花卉植株。

（2）除草剂的施用方法

① 喷施土壤　将一定浓度的除草剂喷施在土壤表面或通过翻耕将除草剂和耕层土壤混匀，以杀死萌发的杂草。

② 喷施植株　将一定浓度的除草剂喷施在杂草植株上，以杀死生长的杂草。

(六)整形与修剪

1. 概念

整形是指根据花卉生长发育特性和人们观赏与生产的需要,对花卉采取一定的技术措施以培养出所需要的结构和形态的一种技术。整形是为了株形美观,满足人们对美的需求。修剪是指对花卉的茎、枝、芽、叶、花、果和根等进行部分疏除和剪截的技术。修剪可以调节植株生长与发育的关系,满足观赏与生长的需要。

2. 整形的方式

整形方式一般有单干式、多干式、丛生式、悬崖式等,在整形时应根据需要和爱好通过艺术加工、精心雕琢、细心养护,达到预期目的。

① 单干式 每株保留一个主干,不留侧枝,使顶端开1朵花。为充分表现品种特性,应摘除所有侧蕾,使养分集中供给顶蕾。该形式主要用于标本菊、独本菊、案头菊和大丽花等的栽培。

② 多干式 每株保留多个主枝,每枝顶端开1朵花。如大丽花留2~4个主枝,菊花留3、5、7、9枝,其余的侧枝全部除去。该形式可用于小立菊和大立菊等的栽培。

③ 丛生式 植株生长期间进行多次摘心,促使发生多个枝条,全株呈低矮丛生状,开出多个花朵。适于此种整形的花卉较多,如矮牵牛、一串红、金鱼草、美女樱、百日草和藿香蓟等。

④ 悬崖式 全株枝条向一个方向伸展下垂,常用于小菊品种的整形或部分盆景的造型等。

⑤ 攀援式 多用于蔓性花卉,如牵牛、茑萝、红花菜豆、旱金莲、观赏葫芦等,使枝蔓在一定形式的支架上(圆柱形、棚架及篱垣等)生长的形式。

⑥ 匍匐式 利用枝条自然匍匐的特性,使其在地面匍匐生长的形式,如美女樱、旋花及多种地被植物。

(七)防寒越冬

防寒越冬是对不耐低温的花卉植物实施保护的措施,降低冷害和冻害对植物生长发育的影响,保证其安全越冬。常用的防寒措施主要有覆盖法、培土法、灌水法、早春浅耕等。

1. 覆盖法

主要包括生物覆盖、地膜覆盖和搭建拱棚。生物覆盖是用农作物秸秆、绿肥、杂草等有机物覆盖物，平铺在草本花卉植株上面或木本花卉树盘上，起到减少冻害、保蓄水分等作用。有机覆盖物分解后，能提高土壤有机质含量，增加肥力。地膜覆盖是指以农用塑料薄膜覆盖花卉植物栽培畦面的一种措施，起到减少土壤水分蒸发、保持土壤湿润、促进作物对水分的吸收和生长发育、提高土壤水分利用效率的作用，同时也利于提高地温，促进肥料的分解，提高土壤肥力。地膜覆盖成本低、使用方便、增产幅度大，是一项常用措施。搭建拱棚指在花卉植物栽培垄或畦面上，搭建拱棚并覆盖塑料薄膜的一种措施，起到减少雨雪、寒霜对植物的伤害，同时提高棚内空间温度的作用，是比较好的一种覆盖方式。拱棚覆盖成本不高，保温效果好。

2. 培土法

指用土壤覆盖在冬季落叶宿根花卉和花灌木植株上，减少低温对植物根系伤害的一种措施。冬季过后，在植物萌芽前将土培平整，利于提高地温，促进植物生长。

3. 灌水法

指在冬季给花卉植物浇透水，保持土壤湿度和温度，降低低温对植物根系伤害的一种措施。灌溉后土壤湿润，热导率增大，白天较高的表层土壤温度利于进入耕作层，降低根系受到低温伤害的概率。该方法简单易行、成本低廉，是木本花卉较佳的防寒措施。

4. 早春浅耕

指早春对花卉植物栽培田进行浅耕，减少土壤水分蒸发，利于太阳辐射热量进入土壤深处，减少低温对植物根系伤害的一种措施。该方法有一定防寒效果，人工成本较高。

二、盆栽花卉的栽培管理

花卉植物除了露地栽培外，还可以盆栽观赏。盆栽花卉有临时性、可移动性和选择多样性的特点。可用于节日庆典、会议展览、大型活动的摆设，也可用于庭院、建筑物、廊亭、阳台、案几等的陈设，以烘托氛围，陶冶性情。

（一）培养土的配制

1. 培养土配制原则

盆栽花卉种类丰富，生态类型多样，需要的培养土质地差异较大。因栽培容器空间有限，对水、肥、气、温的调控能力较弱，因此要求培养土必须含有丰富的营养，具有良好的物理性质，一般由人工配制而成。配制培养土的原则主要有：保水持水能力强；富含腐殖质等营养（无土栽培除外）或具有较强的保肥能力；土壤疏松、透气；酸碱度适合盆栽花卉的要求；没有有害微生物和其他有害物质的滋生和混入。

2. 常用的盆栽用土

（1）园土

园土是指菜园、果园和花圃等的表层土壤，腐殖质含量丰富，肥力较高，团粒结构好，pH值为5.5~6.5，是配制培养土的主要原料之一。缺点是透气性差，干时表层易板结，湿时呈泥状，不宜单独使用，栽培植物时需要混合透气性强的基质比如草炭、珍珠岩等使用。

（2）腐叶土

又称腐殖土，主要由植物叶片在土壤中经过微生物分解、发酵、腐殖化后形成，是常见的花木栽培用土。腐叶土分布广，采集方便，堆制简单。有条件的地方，可到山间林下直接挖取经多年风化而成的腐叶土，也可就地取材，家庭堆制而成。常见的庭院花卉、盆栽花卉等如绿萝、袖珍椰子、龙血树、芦荟、吊兰等都适合用腐叶土作为栽培基质，也是一二年生花卉如一串红、鸡冠花、凤仙花和石竹等播种繁殖的理想基质。

（3）堆肥土

是用枯枝、落叶、杂草、动物尸体等为原料，加上腐叶土、园土或草木灰等分层堆积，再浇灌人畜粪便，最后用糊状泥土密封，让其充分发酵腐烂而成的土壤。pH值为6.5~7.5，有机质含量丰富，若与草炭混合，非常适合用于兰花、君子兰、米兰、山茶花、杜鹃等名贵花木的栽培。

（4）草炭

又称泥炭土，是指在河湖沉积地及山间谷地中，由于长期积水，大量植物残体因氧气含量不足分解不充分,最终积累形成草炭层的土壤。pH 值为 6.5~7.5,大多呈褐色和黑色,纤维素含量高,透气性极强。通常和黏质土壤、蛭石等持水能力强的基质混合使用。

(5) 蛭石

蛭石是一种层状含镁的水铝硅酸盐次生矿物,受热失水膨胀时呈挠曲状,形态酷似水蛭,故称蛭石。蛭石疏松多孔,具有极强的保水能力,适宜作为盆栽花卉和商业苗床的营养基质。蛭石按照颗粒长度通常分为 0.5~1mm、1~3mm、2~4mm、3~6mm 和 4~8mm 等规格,生产上常用 3~6mm 和 4~8mm 等颗粒比较大的类型,这类蛭石既保水又透气。此外蛭石能长时间提供植物生长所必需的水分及矿质营养,保持土壤 pH 和温度的稳定,促进植物根系生长和小苗的稳定发育,但透气性差,在生产上通常和草炭混合使用。

(6) 珍珠岩

是一种火山喷发的酸性熔岩,经高温煅烧后迅速冷却而成的玻璃质岩石,具有珍珠裂隙的一种基质。密度 2.2~2.4g/cm^3,质地轻,疏松多孔,吸水性、通气性好,可单独使用,也可与其他基质混合用。其缺点是保水性差,容易滋生绿藻等。

(7) 河沙

用作栽培植物的河沙通常指经淡水冲击后,粒径在 1~2mm 的非金属矿石。因其颗粒较粗,透水能力强且持水力弱,不宜单独用作栽培基质,适合与黏质土壤混合使用。

(8) 岩棉

指采用优质玄武岩、白云石等为主要原材料,经 1450℃以上高温熔化后,加入一定量黏结剂等,再进行固化、切割的一种基质。因质地轻、较强的透气性和保水性,无菌、无污染,是欧洲(尤其是荷兰)主要的无土栽培的基质。

此外还有沼泽土、松针土、草皮土、厩肥土、木屑、炉渣等基质,盆栽花卉用土通常是由多种基质按照一定比例配制而成的,具有透气、持水、保肥等特点。

3. 培养土配方

花卉种类不同,对培养土的要求不同,各地常用的基质类型也不一样,生产中很难制定统一的配方。但总的原则是降低土壤容重、增加孔隙度、提高腐殖质的含量（无土栽培除外）。需要注意的是，不同种类的花卉在不同的生长发育阶段需要的培养土类型不同，培养土的pH值影响着土壤矿质元素的存在类型和含量，进而影响花卉的生长发育。生产中常用的几种培养土配方见表4-2。

表4-2 生产中常用的几种培养土配方

培养土组成	比例	使用范围
腐叶土、园土、河沙	3:3:1	通用
腐叶土、园土、草炭、河沙	2:2:1:1	通用
壤土、草炭、河沙	2:1:1	育苗基质
腐叶土、河沙	1:1	扦插基质
腐叶土、园土、厩肥	2:3:1	盆栽基质
腐叶土、园土、厩肥、砻糠灰	1:2:1:1	耐阴植物基质
腐叶土、园土、河沙	2:1:1	仙人掌类及多肉植物
堆肥土、园土、草木灰、河沙	2:2:1:1	宿根花卉
水苔、树皮块或椰壳纤维	—	附生兰
腐叶土、黑色腐叶土、河沙	10:10:1	荷兰常用基质
腐叶土、河沙	3:1	英国常用基质
腐叶土、小粒珍珠岩、中粒珍珠岩	2:1:1	美国常用基质

（二）上盆、换盆、倒盆和转盆

1. 上盆

指将穴盘、苗盘或苗床中繁殖的花卉种苗，移栽到大小合适花盆中的操作。上盆方法为先用碎盆片盖于盆底的排水孔上，凹面朝下；最下部填入粗砂粒、碎瓦砾或碎砖块，然后填入培养土，以待植苗；将种苗根系舒展，在根系四周填培养土并轻轻按压，表层培养土距盆沿2cm左右；移栽后，浇透水，置于阴凉处缓苗1周，缓苗后转移到适合花卉植株需要的光照环境处。

2. 换盆

也叫翻盆，把盆栽的花卉植株换到另一盆中的操作。换盆的主要原因有两个：一是随着幼苗生长，因盆内容积有限，阻碍了根系的生长，需要更换大盆；二是盆土营养不足，需要修根换新土。

不同生长类型的花卉换盆时期不同。一二年生花卉由小苗换到大盆，分别在春季和秋季换盆一次；多年生花卉多在秋季根系生长缓慢时进行，以减少换盆对根系的损伤。

换盆时一只手夹住植株茎基部，另一只手托住花盆，将花盆倒置并用手指按压排水孔里面的基质，土球即可脱落。顺便检查花卉植株根系生长情况，去除烂根、病根、残根和弱根等，刺激多发新根。修好根系后，用和原土一样的培养土重新种植。换盆后，即刻浇透水，保持培养土湿润，置于阴凉处缓苗1周，缓苗后转移到适合花卉植株需要的光照环境处。

3. 倒盆

因设施内不同位置的光照强度和温度不同，对植株生长的影响也不同。为了使设施内不同位置的盆栽花卉生长均衡一致，人为调整盆栽花卉位置的措施称为倒盆。通过倒盆，将生长健壮的植株移到光照和温度条件相对较差的位置，将较差位置的植株移到条件较好的位置，达到调整植株生长相对均衡的目的。

4. 转盆

指在生长期间经常变换盆花的方向使其达到均衡生长的措施。由于花卉植物具有向光性，如果不经常通过转盆调整光照部位，花卉植株就会出现偏冠等现象，降低观赏价值。在单屋面温室中应2周转盆1次，双屋面温室应4周转盆1次。

5. 扦盆

指用钢钎或竹扦松盆土。盆栽花卉长期处于弱光高湿的环境中，盆土表面易滋生大量青苔和杂草，通过松盆土可以去除青苔和杂草；扦盆也可以使土壤疏松透气，提高土壤肥力，促进植物生长。

6. 施肥

盆花在上盆和换盆时，需要施基肥，生长期间根据植物的生长发育时期进行追肥，施肥方法同花卉的露地栽培。

7. 浇水

浇水次数和浇水量影响着盆花质量。盆花的浇水与盆花种类、生长发育阶段、季节气候和培养土性质等因素有关。

（1）不同花卉种类的浇水

旱生花卉浇水原则是"宁干勿湿"，比如仙人掌类和多肉植物较耐干旱，浇水太多则易烂根；中生花卉浇水原则是"见干见湿、干透浇透"，比如月季、风信子、长寿花、仙客来、珍珠梅、新几内亚凤仙及鸡冠花等，要求土壤水分多于旱生花卉，但不能在全湿的土壤中生长；湿生花卉浇水原则是"宁湿勿干"，比如大吴风草、水仙、马蹄莲、晚香玉、球根秋海棠、银脉爵床和蝴蝶兰等，要求较高的土壤湿度、空气湿度，不耐干旱；水生花卉必须在水中才能正常生长，如荷花、睡莲、千屈菜、水金英、雨久花、水竹芋及玉蝉花等。

（2）不同花卉生长发育阶段的浇水

除水生花卉外，其他类型植物萌芽期对水分的需求量较高，浇水量偏大；幼苗期需要保持土壤湿润，小水勤浇，浇水量大易引起植株徒长，影响花芽分化的数量；旺盛生长期需要的浇水量最大，大水勤浇，浇则浇透；生殖生长期要适度控制浇水，浇水量偏大易引起花朵脱落；休眠期需要很少的浇水量，培养土需要保持湿润偏干即可。

（3）不同季节气候的浇水

春季气温逐渐升高，浇水量逐渐增加，草本花卉2～3d浇水1次，木本花卉3～4d浇水1次；夏季温度高，蒸发量大，应1～2d浇水1次；秋季浇水和春季相同；冬季温度低，蒸发量少，7～10d浇水1次即可。

（4）不同培养土和花盆的浇水

砂质土为主的培养土保水性差，应多浇水；壤质土为主的培养土保持土壤湿润即可；黏质土为主的土壤保水能力强，应少浇水。此外，盆小植株大的，应多浇水；反之要少浇水。

三、设施花卉的无土栽培管理

（一）花卉的设施栽培和无土栽培概念

1. 花卉的设施栽培

是指在露地不适于花卉植物生长的环境条件下，比如寒冷、炎热、干旱、水涝、盐碱等地区，利用特定的设施比如植物工厂、连栋温室、日光温室和拱棚等，人为创造适于花卉植物生长的环境，以生产高产、优质、抗病的花卉产品的一种环境可控制的农业栽培系统。

2. 花卉的无土栽培

指以水、草炭、蛭石、岩棉或腐叶土等作基质固定花卉植株根系，花卉植株通过吸收营养液能正常生长发育的栽培方式。

(二) 花卉的设施栽培和无土栽培技术

1. 花卉的设施栽培技术

花卉的设施栽培可提高花卉种苗的繁殖速度，尽早定植；通过调控光照时间和温度可调控花期；通过调控水肥管理提高花卉植物的商品性状；规避逆境，减少不良环境对花卉植株的伤害，提高经济效益；可在多种气候条件下种植花卉植物，利于打破花卉生产和流通的地域限制，进行大规模集约化生产，提高劳动生产率。

花卉植物种类十分丰富，对设施类型要求也不一样。目前生产中主要有植物工厂、连栋温室、日光温室、拱棚等大中型设施，此外还有温床、冷床、阳畦、风障、冷窖、荫棚等小型设施。

(1) 植物工厂

植物工厂是通过高精度控制设施内微环境来实现花卉植物周年连续生产的高效农业系统，是利用智能计算机和电子传感系统对花卉植物生长中的光照、温度、水分、CO_2浓度以及营养液等进行自动控制，使花卉植物的生长发育少受或不受自然条件影响的省力、高效、智能化生产方式，是今后农业设施的发展方向。目前植物工厂主要用于花卉和蔬菜的育苗及绿叶蔬菜的生产，用于花卉和果树的生产偏少。全球"植物工厂"大体分为两种类型，一种是以日本为代表的精细化种植工厂，另一种是以荷兰为代表的大规模种植工厂。近年来，北京、上海等地相继建成了一批植物工厂，已投入科学研究和农业生产。图4-5为植物工厂调控原理。

(2) 连栋温室

是指用科学的手段、合理的设计、优质的材料将原有的独立单栋温室连接起来而成的大型温室（图4-6）。主要有屋脊形连栋温室［图4-6(A)］和拱顶形连栋温室［图4-6(B)］两类，前者抗雨雪负荷能力强于后者，后者透光能力强于前者。与单栋温室相比，连栋温室可利用面积和空间更大，内

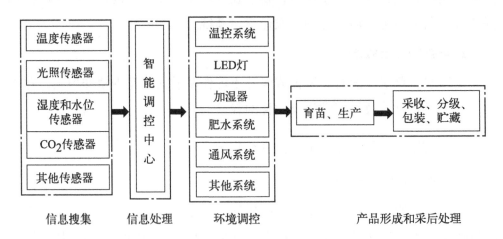

图 4-5　植物工厂调控原理

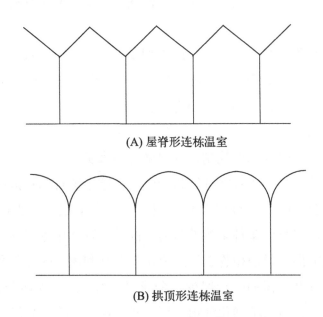

图 4-6　连栋温室

部光照更均匀,更利于种植大型花卉,更利于规模化、集约化、智能化生产花卉苗木,是今后农林企业栽培设施发展的重要方向。在我国北方,因冬季温度低,连栋温室存在保温能力弱、加温成本高、苗木生产成本偏大的现状,不适于个体花农及小型农企使用,常用于科学研究和花卉展览等。

(3) 日光温室

又称节能日光温室、暖棚等，由两侧山墙、后墙、前屋面、后屋面、支撑骨架及覆盖材料等组成，通过后墙体对太阳能吸收实现蓄放热，不需要加热或稍加热便能维持一定的温度水平，以满足花卉植物正常生长的设施类型。日光温室是我国北方地区独有的一种温室类型，因建造成本低、保温能力强、冬天不加温或稍加温就能生产花卉苗木，深受个体花农及小型农企的欢迎。但也存在土地利用率低、温室内遮光严重、光温不均衡、面积小等缺陷，很难进行机械化和规模化生产，在国际上认可度不高。目前日光温室主要在安徽和江苏北部、山东、河南、陕西、山西、辽宁、吉林、内蒙古、甘肃、新疆等地大量使用，进行花卉、蔬菜和果树的育苗和生产（图4-7）。

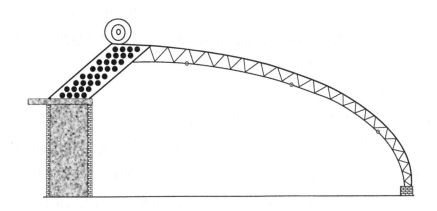

图 4-7　日光温室

(4) 拱棚

指主要以塑料薄膜为透明覆盖材料，栽培园林植物的拱圆形设施。依据其大小，分为小拱棚、中拱棚和大拱棚。生产中人不能进入的拱棚称为小拱棚（宽1~3m、高0.5~1m、长10~15m）；人能进入，但不能直立操纵的拱棚称为中拱棚（宽3~5m、高1.5~1.8m、长10~30m）；人能进入，可以直立自由操作的拱棚称为大拱棚（宽6~12m、高2~3m、长30~60m）。塑料拱棚能够改变园林植物生产场所的小气候，人为地创造花卉生长发育的适宜条件，常用于花卉、蔬菜和果树的提早或延迟栽培。塑料拱棚因结构简单、建造速度快、建造成本低、使用方便，在中国南、北各地均有大面积应用。主要有屋脊形拱棚［图 4-8(A)］和拱圆形拱棚［图 4-8(B)］两类，前者抗雨雪负荷能力强于后者，后者透光能力强于前者。

(A) 屋脊形拱棚　　　　　　　　(B) 拱圆形拱棚

图 4-8　拱棚

2. 花卉的无土栽培技术

根据基质的类型，分为水培和基质栽培。不使用任何固体基质，直接在营养液中栽培植物的方式称为水培；使用草炭、蛭石、岩棉或腐叶土等固体基质栽培植物的方式称为基质栽培。

(1) 水培类型

① 营养液膜法（NFT）　将花卉植物根系置于一层 0.5～1cm 厚的营养液中的栽培方式。通过潜水泵将贮液池中的营养液间歇循环供给栽培床上定植的植物根系，因供液量仅保持深度 0.5～1cm，导致一部分根浸于营养液中，另一部分根暴露在空气中，有效解决了根系吸水和吸氧气的问题。该方法节水节肥、成本较低，广泛用于花卉育苗和绿叶蔬菜的生产。

营养液膜法栽培系统主要由种植槽、贮液池、营养液循环流动装置等组成。此外还可以添加一些辅助设施，如浓缩营养液贮备罐、自动投放装置、营养液加温和冷却装置等。

② 深液流法（DFT）　指花卉植株大部分根系浸泡在 5～10cm 液层的营养液中，通过循环流动营养液提高氧含量，满足植物生长的一种水培技术。该方法需要的营养液总量较多，利于悬挂定植植物，易于人调控。主要用于高大草本花卉和低矮木本花卉的生产。

③ 动态浮根法　指栽培床内对植物进行营养液灌溉时，根系随营养液的液位变化而上下左右浮动的一种水培技术。超过设定深度的营养液通过自动排液器排出去，该方式栽培的植物，根系上半部分露在空气中吸收氧气，

根系下半部分浸在营养液中吸收水分和养分。

④ **雾培法** 是一种新型的栽培方式，指利用雾化装置将营养液雾化，使植物根系在雾化的营养液中生长的一种水培技术。雾培法具有节约水肥和农药、提高肥料利用率、保持环境洁净的特点，主要用于草本花卉、低矮的宿根花卉和球根花卉的生产。

（2）基质栽培类型

栽培基质主要有草炭、蛭石、珍珠岩、河沙、岩棉等，除珍珠岩外，上述各种基质可单独使用，也可和其他基质配合使用，一般情况下混合基质优于单一基质，常以2～3种混合为宜。在育苗和上盆时，混合基质中应加入矿质养分，比如1‰～3‰质量分数的过磷酸钙、三元复合肥、骨粉、磷矿粉、消毒干鸡粪等长效肥，满足植物生长发育的需要。表4-3为生产中常用的几种栽培基质配方。

表4-3 生产中常用的几种栽培基质配方

培养基质	比例	使用范围
细草炭	—	育苗基质
椰糠	—	育苗基质
粗河沙	—	扦插基质
粗草炭	—	红掌常用基质
水苔、树皮块或椰壳纤维	—	附生兰常用基质
岩棉	—	草本、宿根花卉
河沙、草炭、珍珠岩	1∶1∶1	通用无土栽培基质
河沙、椰糠、珍珠岩	1∶1∶1	通用无土栽培基质
蛭石、草炭、珍珠岩	2∶2∶1	通用无土栽培基质
蛭石、椰糠、珍珠岩	2∶2∶1	通用无土栽培基质

无土栽培脱离了土壤的限制，极大地扩展了农业生产的空间，使得植物可在土壤瘠薄甚至荒漠等土地上进行生产，发展前景非常广阔。

（三）营养液

营养液是无土栽培的关键，植物不同需求的矿质营养种类、浓度和酸碱度也不同。目前植物营养液的配方很多，大部分成分和含量基本相似，差别最大的是氮、磷和钾的比例。

1. 营养液配制的原则

① 营养液应含有花卉植物生长发育的必需元素，包括大量元素 N、K、P、Ca、Mg、S，以及微量元素 Cl、Fe、B、Mn、Zn、Cu、Mo 等。

② 在满足植物生长发育的情况下，元素用量宜少不宜多。

③ 尽量用软水配制，纯净水最佳。

2. 营养液的配制

生产上配制的营养液一般分为工作液（直接应用的栽培溶液）和母液（浓缩液，一般是工作液的 10～1000 倍）。配制母液时，因含有多种高浓度盐类，混溶时易产生沉淀，因此常将混溶时易产生沉淀的两类元素分开，配成 A、B 两种母液。A 母液常以钙盐为中心，与钙作用不产生沉淀的盐类都可溶在一起；B 母液以磷酸盐和硫酸盐为中心，与磷酸根和硫酸根作用不产生沉淀的盐类都可溶在一起。观叶、观花、观果、红掌、菊花、唐菖蒲和康乃馨等花卉的营养液配方见表 4-4～表 4-10（表中的 A、B 溶液为工作液）。

表 4-4 观叶花卉营养液配方　　　　单位：$mg \cdot L^{-1}$

溶液种类	试剂分子式	含量
A	$CaCl_2$	333
	KNO_3	505
	NH_4NO_3	80
B	KH_2PO_4	136
	$MgSO_4$	246
	H_3BO_3	1.24
	$MnSO_4$	2.23
	$ZnSO_4$	0.86
	H_2MoO_4	0.12
	$Na_2EDTA\text{-}Fe$	24

表 4-5　月季、君子兰等观花花卉营养液配方

单位：mg·L^{-1}

溶液种类	试剂分子式	含量
A	$Ca(NO_3)_2$	100
	KNO_3	600
B	KH_2PO_4	200
	$NH_4H_2PO_4$	400
	K_2SO_4	200
	$MgSO_4$	600
	H_3BO_3	6
	$CuSO_4$	0.2
	$MnSO_4$	4
	$ZnSO_4$	1
	$(NH_4)_6Mo_7O_{24}$	5
	$Na_2EDTA\text{-}Fe$	24

表 4-6　观果花卉营养液（山崎营养液）配方

单位：mg·L^{-1}

溶液种类	试剂分子式	含量
A	$Ca(NO_3)_2 \cdot 4H_2O$	826
	KNO_3	607
B	$NH_4H_2PO_4$	115
	$MgSO_4 \cdot 7H_2O$	493
	H_3BO_3	2.86
	$MnSO_4 \cdot H_2O$	1.61
	$ZnSO_4 \cdot 7H_2O$	0.22
	$(NH_4)_6Mo_7O_{24} \cdot 4H_2O$	0.02
	$Na_2EDTA\text{-}Fe$	24

表 4-7　红掌营养液配方　　　　单位：mg·L^{-1}

溶液种类	试剂分子式	含量
A	$Ca(NO_3)_2$	270
A	KNO_3	140
A	NH_4NO_3	54
B	KH_2PO_4	136
B	K_2SO_4	87
B	$MgSO_4 \cdot 7H_2O$	246
B	H_3BO_3	1.22
B	$CuSO_4 \cdot 5H_2O$	0.12
B	$ZnSO_4 \cdot 7H_2O$	0.87
B	Na_2MoO_4	0.12
B	$Na_2EDTA\text{-}Fe$	12

表 4-8　菊花营养液配方　　　　单位：mg·L^{-1}

溶液种类	试剂分子式	含量
A	$Ca(NO_3)_2$	1680
B	KH_2PO_4	510
B	K_2SO_4	620
B	$MgSO_4$	780
B	$(NH_4)_2SO_4$	230

表 4-9　唐菖蒲营养液配方　　　　单位：mg·L^{-1}

溶液种类	试剂分子式	含量
A	$Ca(NO_3)_2$	620
A	$CaHPO_4$	470
A	$CaSO_4$	250
B	KCl	620
B	K_2SO_4	620
B	$MgSO_4$	550
B	$(NH_4)_2SO_4$	156

表 4-10　康乃馨营养液配方　　　单位：mg·L^{-1}

溶液种类	试剂分子式	含量
A	$Ca(NO_3)_2 \cdot 4H_2O$	1790
B	KH_2PO_4	626
B	$MgSO_4$	542
B	$(NH_4)_2SO_4$	185
B	$MnSO_4 \cdot H_2O$	7.2
B	H_3BO_3	4.6
B	$ZnSO_4$	14
B	$CuSO_4$	0.12
B	$(NH_4)_6Mo_7O_{24} \cdot 4H_2O$	0.02
B	$Na_2EDTA\text{-}Fe$	78

3. 营养液的 pH

营养液的 pH 直接影响花卉植物根系细胞对矿质元素的透过性和盐的溶解度，从而影响营养液的总浓度，间接影响根系的吸收。当营养液的 pH 偏高时，应缓慢加入盐酸、磷酸、硫酸或硝酸溶液；当营养液的 pH 偏低时，应缓慢加入氢氧化钠溶液，及时搅拌，直至溶液 pH 达到植物适宜的范围。常见花卉植物营养液的 pH 见表 4-11。

表 4-11　常见花卉植物营养液的 pH

4.5~5.5	5.5~6.5	6.5~7.5	7.5~8.5
兰科植物	蒲包花	康乃馨	鸢尾
凤梨科植物	一品红	水仙	石竹
蕨类植物	八仙花	三色堇	风信子
彩叶草	郁金香	瓜叶菊	仙人掌类
鸭跖草	唐菖蒲	蔷薇	君子兰
马蹄莲	朱顶红	月季	紫藤
百合	仙客来	金鱼草	石榴
杜鹃	非洲菊	紫罗兰	迎春
山茶	秋海棠	牡丹	黄刺玫
含笑	大岩桐	芍药	桧柏
栀子	羽衣甘蓝	矮牵牛	侧柏

(四)花期调控

1. 花期调控的概念和作用

指人为地利用各种栽培措施,使花卉在自然花期之外开放的技术。常分为促成栽培和抑制栽培。促成栽培是指通过人为调控使花期比自然花期提早的栽培技术;抑制栽培是指通过人为调控使花期比自然花期延后的栽培技术。花期调控可以丰富不同季节的花卉种类,达到周年供应的目的;也可以使不同的花卉植物在某一时期集中开放,满足节日用花的需求,提高经济效益;也可以创造百花齐放的景观,提高观赏性。

2. 花期调控的措施

(1) 栽培措施

① 对一年生花卉和部分球根花卉,通过错开播种或栽植时期,使开花有早有晚。这类花卉生长到一定大小即可开花。比如矮牵牛播种3~4个月后即可开花;瓜叶菊播种后7~8个月开放;风信子种球在栽植之后2~3个月可开花。

② 通过修剪、摘心等园艺措施也可调控花期。比如夏季月季从短剪到开花需要40~50d;一串红在开花前摘心,可推迟2~3d开花。

③ 去除侧芽、侧蕾可促使主蕾开花;去除主蕾,则可利用侧蕾推迟开花。比如通过抹芽的方法,去除菊花的侧蕾,使主蕾提前3~5d开放;去除主蕾,侧蕾则推迟5~10d开放。

(2) 温度调节

① 多数花卉在冬季通过加温都能提前开花。如瓜叶菊、牡丹、杜鹃、绣球花、金边瑞香等在5℃以下则停止生长,进入休眠,通过加温打破花芽的自然休眠,可使之提前萌发、开花。

② 在7~9月份进入休眠期的花卉植物,降温可促进开花。比如倒挂金钟、仙客来、唐菖蒲等,在高温季节采取降温措施可促其不断开花。

③ 对含苞待放或初开的花卉,降低温度可延迟花期。比如菊花、天竺葵、八仙花、瓜叶菊、唐菖蒲、月季、水仙等在开花前,放入2~5℃的冷室中,植物新陈代谢强度降低,可达到延迟花期的目的。

④ 秋天时低温处理二年生花卉的萌动种子或幼苗,可使其通过春化,当年即可开花。不同种类的花卉春化处理的温度和时间不同,一般以1~

2℃最为有效。

(3) 光照调节

① 对于长日照花卉，日出前或日落后人工补光 2~4h，辅以适当加温，可提前开花；如在白天遮光 2~4h，则可推迟花期，比如百合等。

② 对于短日照花卉，日出前或日落后遮光数小时，可提早开花；反之，如人工补充光照数小时，则可延迟开花，比如菊花和一品红等。

③ 对于有夜间开花习性的花卉，白天遮光、夜间进行人工补光，可使其白天开花，如昙花和紫茉莉等。

(4) 水肥调控

1~6月，通过多施氮肥、多浇水可明显延迟蝴蝶兰、大花蕙兰、卡特兰的花期；7~12月通过多施磷肥、钾肥则促进蝴蝶兰、大花蕙兰、卡特兰提前开花。

(5) 植物生长调节剂调控

生产上，植物生长调节物质调节花期的效果明显，比如赤霉素和乙烯利处理牡丹、芍药的休眠芽和水仙、君子兰的花茎后，它们很快萌发，可达到提前开花的目的。用 $1000mg·L^{-1}$ 丁酰肼（B_9）和 $100~500mg·L^{-1}$ 多效唑喷施杜鹃的花蕾，可延迟杜鹃开花 10d。

第二节
一二年生花卉的栽培管理

一二年生花卉通常是草本花卉，种类多样、枝繁叶茂、颜色艳丽、观赏效果好，深受人们青睐。通常作为花坛、花境的主要材料，也可用于窗台、门廊、旱墙、岩石路两侧以及岩石园的绿化和美化，还可用于吊篮栽培、盆栽和切花栽培，有较好的经济和生态效益。

一、一二年生花卉的概念

(一) 一年生花卉的概念

在一个生长季内完成生活史的花卉种类，即从播种到开花、结实、死亡均在一个生长季内完成。一年生花卉通常春季播种，夏秋开花结实，遇霜后枯死。典型的一年生花卉主要有牵牛花、凤仙花、鸡冠花、一串红、百日草、万寿菊、孔雀草、千日红等。

一年生花卉多数种类原产于热带或亚热带，一般不耐0℃以下低温。依其对温度的要求分为耐寒型、半耐寒型和不耐寒型。耐寒型花卉幼苗期较耐低温和霜冻；半耐寒型花卉遇霜冻受害甚至死亡；不耐寒型花卉生长期要求高温，霜冻后就会死亡。另外，一年生花卉大多喜阳，个别热带品种喜半阴环境，如凤仙花。

（二）二年生花卉的概念

二年生花卉是指生活周期经两年或两个生长季节才能完成的花卉种类，即播种后第一年形成营养器官，次年开花结实后死亡。二年生花卉通常秋天播种、幼苗越冬、次年春夏开花结实，之后枯死。典型的二年生花卉主要有羽衣甘蓝、雏菊、三色堇、蛾蝶花、风铃草、金鱼草、金盏菊、矢车菊等。

二年生花卉耐寒力强于一年生花卉，通常可耐0℃以下的低温，一般在0~10℃条件下30~70d通过春化作用。二年生花卉通常不耐夏季炎热，主要是秋天播种，大多喜阳光充足，仅少部分喜欢半阴环境，如三色堇、醉蝶花。二年生花卉苗期需要短日照，成长过程则要求长日照，并在长日照下开花。

二、一二年生花卉的特点

（一）一二年生花卉的观赏特点

1. 株型整齐，花色艳丽，开花一致，观赏效果好，群体效果佳

一二年生花卉大多是草本植物，生长期基本一致，株型差别较小；主要进行有性繁殖（种子繁殖），基因杂合度高，花色多样，花型多样；一年生花卉花期主要集中在夏秋季，二年生花卉花期主要集中在春夏季。一二年生花卉播种密度大，花期集中，风吹花动时，花团锦簇，具有极佳的观赏效果。

2. 种类品种多样，栽培灵活，通过搭配可周年有花，园林应用广

市场中常见的一二年生花卉100余种，细分品种更是繁多。可单独栽培，比如紫茉莉、鸡冠花、福禄考、独本菊、羽衣甘蓝和千日红等；可丛植栽培，比如三色堇、石竹、矮牵牛、二月兰和桂竹香等；可用于吊篮，比如凤仙花、矮牵牛（一年生或多年生栽培）、翼叶山牵牛（一年生或多年生栽培）、六倍利（一年生或多年生栽培）和角堇（一年生或多年生栽培）等；可用于连廊栽培箱，比如鸡冠花、大花三色堇、蜀葵、茑萝和飞燕草等。一二年生花卉也可与观赏草类、球根花卉搭配，用作花坛和花境的填充花材或点缀花材。

（二）一二年生花卉的生长特点

1. 生长周期短，植株低矮

一年生花卉通常生长周期 2～4 个月；二年生花卉生长周期稍长一些，可达 5～6 个月。因生长周期短，植株低矮，常用作大型公园的地被绿化。

2. 根系不发达，多分布在 10～20cm 的表层土壤中

植物生长地上、地下部分具有相关性，植株低矮，根系通常不发达，多分布在 10～20cm 的表层土壤中。不耐干旱和湿涝，不耐土壤瘠薄。

3. 喜光照和排水良好肥沃疏松的土壤

一二年生花卉常露地栽培，喜强光和长时间的光照；因根系不发达，喜肥沃保水的土壤；因根系呼吸速率高，喜疏松透气的偏沙性的壤土。

（三）一二年生花卉的栽培特点

1. 种子繁殖为主

一年生花卉的播种时间，我国北方通常为 3 月下旬到 4 月中旬，我国南方通常为 2 月上旬到 3 月上旬；二年生花卉的播种时间，我国北方通常为 8 月下旬到 9 月中旬；我国南方通常为 9 月上旬到 10 月上旬。传统的育苗方法简单，种子播前不进行浸种、催芽等处理，直接进行播种。大粒种子采用点播或条播于播种床，中小粒种子条播或撒播于播种床。大粒种子的覆土厚度为种子直径的 2～3 倍，中小粒种子的覆土厚度以不见种子为好，微小种子也可以不覆土。苗床播种前，应浇足水，保持基质湿润；播种后覆盖塑料薄膜和遮阳网，减少水分的蒸发和强光对植物芽体的影响；出苗后逐步撤去塑料薄膜和遮阳网，并剔除弱、病、残苗和杂苗等；待叶片长至 3～4 片时，

可进行移植分苗，定植到栽培穴、花盆、花坛或花境中。部分花卉的根系木质化程度高，根系损伤后不易修复，需要用营养钵或穴盘育苗，比如虞美人、花菱草、牵牛花、蜀葵和地肤等。除种子繁殖外，一二年生花卉还通过无性繁殖方式繁殖植株，比如扦插、嫁接、压条、分生和组织培养繁殖等，无性繁殖主要用于保存新、优、奇、特品种的优良性状。

2. 栽培技术简单

播种后，一二年生花卉进行简单的肥水管理即可正常生长和开花结果。通过摘心可促发侧枝，矮化植株，增加花枝的数量，使株型整齐，提高观赏效果；通过抹芽可减少侧枝，减少花枝的数量，增加大型花的数量，比如矮牵牛。一些主枝顶开花的一二年生花卉，则不能摘心，比如观赏向日葵、鸡冠花和凤仙花等。一些主枝花多花大的一二年生花卉，摘心会降低观赏性。一些侧枝多花也多的一二年生花卉，也不需要摘心，比如三色堇、石竹、角堇、美女樱和半支莲等。

三、常见的一年生花卉

一年生花卉主要包括在一个生长季内完成生活史的花卉种类，也包括多年生常作一年生栽培的花卉种类。常见的花卉种类有：矮牵牛、牵牛花、鸡冠花、一串红、凤仙花、雁来红、美女樱、藿香蓟、紫茉莉、百日草、万寿菊、千日红、孔雀草、硫华菊、瓜叶菊、翠菊、麦秆菊、波斯菊、银边翠、观赏向日葵、紫茉莉、茑萝、三色苋、无色椒、福禄考、长春花、旱金莲、半支莲、羽扇豆、醉蝶花、含羞草、送春花、红花、花烟草、裂叶花葵、水飞蓟、蓝猪耳、倒地铃、地肤、月见草（北方为一年生植物）等。

四、常见的二年生花卉

常见的二年生花卉主要有：羽衣甘蓝、石竹、紫罗兰、风铃草、三色堇、蛾蝶花、金鱼草、二月兰、赛亚麻、金盏菊、矢车菊、雏菊、花环菊、毛地黄、锦葵、飞燕草、虞美人、花菱草、桂竹香、蜂室花、霞草、香雪兰、月见草（淮河以南为二年生植物）等。

五、代表花卉——羽衣甘蓝的栽培管理技术

羽衣甘蓝（*Brassica oleracea* var. *acephala*）别名绿叶甘蓝、牡丹菜、

菜牡丹，是十字花科芸薹属植物，为二年生观叶草本花卉，为甘蓝的园艺变种。原产欧洲西部，在我国各地均有栽培。其叶片形态美观多变，心叶色彩绚丽如花，形若盛开的牡丹花，深受人们喜爱。

（一）形态学特征

1. 二年生草本花卉，株高 20～50cm

第一年 8～10 月播种，次年 4 月份天气回暖、长日照条件下抽薹开花，总状花序，花浅黄色。

2. 叶片紧密互生，呈莲座状

叶片类型分为光叶、皱叶、裂叶和波浪叶四种，外部基生叶宽大，叶片翠绿、黄绿或蓝绿，叶柄粗壮而有翼，叶脉和叶柄呈浅紫色，内叶叶色丰富，有黄、白、红、紫、青等。叶片的观赏期为 12 月至次年 3～4 月。

3. 果实为角果，6 月份种子成熟

种皮黑褐色，种子呈扁球形，千粒种子重约 3.33g，不采种时应及时去除花薹，以延长叶片的观赏期。

（二）生物学特性

1. 喜凉爽，较耐低温

羽衣甘蓝生长适温 13～26℃。耐寒性较强，幼苗能短时间忍耐 −12℃ 的低温，成株能较长时间忍耐 −8℃ 的低温，在苏北地区可以露地越冬。采种株在 2～10℃ 低温下，需要至少 30d 才能通过春化作用，完成抽薹开花。超过 35℃ 高温环境下，生长不良，叶片纤维多、质地硬、风味差，不适合食用。

2. 喜强光，较耐阴

在强光下，叶片生长快、品质好。荫蔽环境下，仍然能正常生长，只是叶片变大，颜色变浅，观赏价值下降。

3. 需水量较大，适应多种类型土壤

羽衣甘蓝生长快，蒸发量大、需水量也大，因根系不发达、大多是须根，不耐水涝。羽衣甘蓝能适应多种类型土壤（pH 5.5～6.8），尤以腐殖质丰富、肥沃的壤土或黏质壤土最宜。栽培种要经常追施氮肥，配施少量钙肥，利于正常生长和提高品质。

（三）栽培管理技术

1. 繁殖

羽衣甘蓝采用播种繁殖，北方早春1~4月在温室播种育苗，南方秋季8月下旬播种于露地苗床。因种子较小，覆土要薄，以埋没种子为度。

2. 栽培管理要点

（1）播种管理

羽衣甘蓝播种后及时浇透水，用遮阳网适度遮阳，防止强光直晒，保持土壤湿润。保持温度在13~26℃，7~8d就可出苗。

（2）定植管理

当幼苗5~6片叶时定植。定植前施足腐熟有机肥2500kg/亩，氮肥20~30kg/亩，钙肥10kg/亩。做100~120cm宽的小高畦，株行距30cm×50cm，密度4500株/亩。

（3）田间管理

定植后7~8d浇缓苗水1次，旺盛生长前期和中期及时追肥，氮-磷-钾复合肥20~30kg/亩，同时及时中耕除草，去除老叶、黄叶，保持5~6片功能叶。定植后25~30d可长成商品成株。

（四）应用

羽衣甘蓝营养丰富，含有大量的维生素A、维生素C和维生素B_2等，多种矿物质钙、铁和钾等，具有极佳的食用价值。耐寒性强，叶色艳丽，观赏期长，适宜盆栽，也是早春和冬季花坛、花境的重要材料。

第三节
宿根花卉的栽培管理

宿根花卉繁殖能力强，栽培管理简单，种植1次可多年开花，观赏价值较高。其花色丰富，花形也姿态各异，有较大的造型布景空间，深受人们青睐。常见的宿根花卉有鸢尾、萱草、芍药、玉簪、耧斗菜、荷包牡丹、非洲菊等，可被应用于花坛、花境、岩石园、草坪、地被、水体绿化、基础栽植和园路镶边等，产生较好的社会生态效益。另外宿根花卉也可以进行规模化栽培，生产切花，创造较高的经济效益，比如非洲菊。

一、宿根花卉的概念和分类

（一）概念

宿根花卉是指地下器官形态正常，能够生存2年或2年以上，成熟后每年开花的多年生草本植物。较耐低温，能自然越冬，次年春天地上部分又可萌芽、生长、开花、结籽，一次种植可多年开花，繁殖栽培管理简单，利于城镇绿化、美化。

（二）分类

1. 耐寒性宿根花卉

即露地宿根花卉，冬季地上部茎叶枯死，地下部根系进入休眠，次年春季，地下部着生的芽和萌蘖萌发生长、开花。如鸢尾、萱草、芍药、玉簪、耧斗菜、荷包牡丹、菊花、荷兰菊、蜀葵等。

2. 不耐寒性宿根花卉

即温室宿根花卉，原产于热带、亚热带，耐寒性较差，不能在温带地区露地自然越冬，需移入设施内才能安全越冬。如非洲菊、君子兰、竹芋、鹤望兰、万年青、吊兰等。

二、宿根花卉的栽培特点

（一）一次种植可多年开花

宿根花卉是多年生植物，播种或定植一次，可连续多年开花，是花坛、花境、棚架中的主要花材。作为切花生产，如非洲菊、鹤望兰等，一次种植可连续多年采摘花枝，大大减少了育苗、定植等流程，提高了劳动效率，增加了经济效益。

（二）以无性繁殖为主，部分采用播种繁殖

宿根花卉普遍采用无性繁殖（即采用植物的萌蘖、吸芽、匍匐茎、根茎、叶片等进行嫁接、扦插、分株和压条等来扩繁种群），并保持自身种群的优良种性。比如菊花、萱草、鸢尾和玉簪等。采用无性繁殖，能缩短植物的营养生长周期，使花期提前。此外多数宿根花卉还可采用播种繁殖，但营养生长周期偏长，开花期推迟。

（三）对环境条件要求不高，栽培管理简单

宿根花卉常年露地生长，适应多种环境条件。具有喜阳耐阴、喜热耐冷、喜湿耐旱、喜肥耐瘠等特性，因此可以粗放管理。

（四）应用范围广，多用于切花、盆栽和园林景观

非洲菊、鹤望兰、香石竹等可用于切花；瓜叶菊、秋海棠、新几内亚凤仙等可用于盆栽；绝大部分种类用于园林景观，比如用于花坛、花境、岩石园、草坪、地被、水体绿化、基础栽植和园路镶边等。

三、常见的宿根花卉

菊花、非洲菊、香石竹、鹤望兰、紫茉莉、落新妇、天竺葵、扇形蝎尾蕉、美人蕉、芭蕉、萱草、玉簪、羽扇豆、蜀葵、芙蓉葵、锦葵、芍药、钉头果、宿根福禄考、花菱草、勿忘我、四季秋海棠、情人草、长春花、美女樱、丽格海棠、含羞草、荷包牡丹、五彩苏、瓜叶菊、新几内亚凤仙、非洲凤仙花、何氏凤仙、马蔺、桔梗、紫叶酢浆草、白花酢浆草、红花酢浆草、百子莲、角蒿、柳兰、三色堇、白脉椒草、黄蜀葵、银脉爵床、山桃草、马利筋、蔓锦葵、藿香、韩信草、南美天芥菜、夏枯草、金红花、油点草、单叶波罗花、海石竹、翠云草、虎颜花、蔓花生、假龙头花、野芝麻、同瓣草、钓钟柳、喜阴花、流星花、肾茶、黄芩、蝶豆、蓝花鼠尾草、天蓝鼠尾草、墨西哥鼠尾草、松叶菊、蜡菊、溪荪、松果菊、大滨菊、马鞍藤、五爪金龙、迷迭香等。

四、代表花卉——非洲菊的设施栽培管理技术

非洲菊又名扶郎花、葛白拉和太阳花,为多年生宿根草本植物,在全世界都有大量种植,为世界五大切花之一。近几年我国非洲菊的设施种植面积和鲜花产量迅速增加,尤其以云南昆明、江苏、辽宁、山东和京津冀等地的非洲菊种植面积增加明显,取得了较好的经济效益,每年每亩的切花纯利润约为5万~6万元。

(一)设施和品种选择

非洲菊性喜冬季温暖、夏季凉爽、阳光充足的环境。生长期适宜温度20~25℃,10℃以下生长停止,0℃以下易产生冷害和冻害。为了保障其正常生长,宜栽于园艺设施中。长江以南适宜采用单栋、连栋塑料大棚;长江以北宜采用节能日光温室,以保障冬季设施内温度高于10℃。为了调节夏季的高温,大棚顶部覆盖可收覆的一层遮阳率50%的遮阳网,周围围上一层50%的遮阳网。节能日光温室高3.3~4m,保温墙厚0.5~1m,温室顶部遮上一层50%的遮阳网,在顶风、腰风和底风等通风部位加装一层防虫网。在定植非洲菊之前,根据市场需求选择适宜品种,比如大花型还是中花型,红花、黄花还是白花等。

(二)土壤消毒

非洲菊定植前,需要灭杀土壤中的致病微生物,减少土传病害。土壤消毒常用方法有两种,日光暴晒和药剂消毒。

1. 日光暴晒

夏季高温晴朗天气时,收起遮阳网,阳光直接暴晒土壤3~5d,利用高温和强光灭杀大部分病原菌和害虫。为了增加土壤消毒效果,阳光暴晒2d后,可翻地1次。

2. 药剂消毒

选取多菌灵、百菌清或者高锰酸钾等灭菌药剂中的2种,兑水稀释500~700倍液,喷洒在翻整后的土壤表面,覆盖地膜3~5d,能清除大部分病原菌和害虫,揭开晾晒3~5d即可定植。

(三) 栽培管理

1. 整地施肥作畦

非洲菊根系发达，需要至少 25cm 厚的疏松肥沃土壤，定植前应施足基肥。腐熟有机肥施用量一般为 5~8m³/亩，三元复合肥使用量一般为 50kg/亩。肥料和土壤充分混匀翻耕，做成高畦种植床，畦面宽 50~60cm，沟宽 20~30cm。

2. 种苗选择和定植

设施内全年均可定植，但在 4~5 月份最佳，此时气候适宜，定植成活率高，9~10 月份即可达到盛花期。非洲菊切花生产多采用优质组培苗，很少采用实生苗和分株苗。优质种苗标准：节短茎粗，叶色深绿，根系须根多、色白、健壮，全株无病斑和机械损伤等。定植深度以种苗根茎部略露出土面为宜，过浅植株浇水后易倒伏，过深植株后期生长受阻。定植密度为株距 20~30cm，行距 30~40cm，每畦栽培 2 行。便于排水和冠层充分生长。

3. 肥水管理

非洲菊耐旱不耐涝，定植后应保持土壤润而不湿，根部保持干爽通风，防止根腐病发生。种苗成活后，每两周根系追施 0.1% 复合肥液（N∶P∶K=20∶20∶20）1 次，叶面喷施 0.1% KH_2PO_4 和 0.1% 尿素的混合液 1 次。

生长期间采用滴灌，田间持水量保持在 60%~70% 为宜。夏季高温时忌用冷水灌溉，冬季水温应高出土壤 2~4℃，否则易引起病害滋生。设施内空气相对湿度保持在 70%~80%，湿度过高，花易产生畸形。每周施 1 次三元复合肥（N∶P∶K=20∶10∶30），每两周喷施 1 次叶面肥 [0.1% $Ca(NO_3)_2·4H_2O$ 和 0.1% 硼砂混合液]。

4. 光照调控

非洲菊喜光照，光照强度应不低于 40000lx，光照时间不低于 12h。过高光强易灼伤叶片，因此在 9:00~16:00 应覆盖 50% 遮阳网。其他时间则收拢遮阳网，让阳光直射植株。冬季光照时间短，需要人工补光。设施内每隔 4~5m 安装 1 个 150~200W 白炽灯，距离地面 1.5~2m，17:00 左右日落前开始补光，补光时间 2~4h。

5. 温度调节

非洲菊是喜温花卉，生长期设施内保持日温 15~30℃、夜温 10~15℃。超过 35℃ 或低于 8℃ 植株生长缓慢甚至停止，不能忍受 0℃ 以下的低温和 40℃ 以上的高温。夏季设施内温度高于 35℃ 时注意遮阴降温；冬季低于 8℃ 时应及时保温及加温，防止昼夜温差太大，产生大量畸形花。

6. 生长调控

非洲菊的营养生长和生殖生长易失衡。叶片生长过旺，开花易减少；叶片过少，开花也会减少。适当去除叶片，可使营养生长和生殖生长达到平衡，增加开花数量。去除叶片时应多去除一些老叶与病叶，每株保留功能叶 4~5 片；花蕾过多时应及时疏蕾，成株保留 3 个发育相当的花蕾，多余的疏除；幼株功能叶小于 5 片者，去除花蕾，不让其开花。

7. 切花采收

非洲菊在花梗挺直，外围花瓣展平，花心外围的管状花 1~2 轮开放、雄蕊散粉时采收。适宜在清晨或傍晚采收，采收时轻捏花基中部，左右轻摇几下从根茎处断离。剪去花茎基部 3~5cm 红褐色部分，插入水中放在凉爽之处预冷处理（此称为湿藏），可保存 4~6d。非洲菊花茎不需剪除基部，也不需插入水中，直接放在凉爽处保存（此称为干藏），可保存 2~3d。非洲菊花茎也可用保鲜液保存，比如 2%~4% 蔗糖＋200~300mg/L 8-羟基喹啉柠檬酸盐溶液＋2~4mg/L $AgNO_3$，一般浸泡 24h，可减轻花茎腐烂和折头。

8. 病虫害防治

非洲菊常见病害主要有灰霉病、叶斑病、白粉病等，常见虫害有红蜘蛛、蚜虫、白粉虱等。真菌性病害常用多菌灵、百菌清、代森锰锌任意 2 种药品混合，配成 500~700 倍液，叶面喷施；常见虫害常用呋虫胺、噻虫胺等 600~800 倍液喷施叶片，也可用 20% 异丙威烟剂熏蒸植株。每周用药 1 次，连续 3 周，可控制病害的蔓延。

（四）应用

主要用作切花，国内设施栽培非洲菊的产业发展迅速，有较好的经济效益。也可用于盆栽，布置花坛、花境等，有较好的生态和社会效益。

第四节
球根花卉的栽培管理

球根花卉是一种能够生存 2 年及以上，地下器官膨大的草本植物。不良环境下，地上部分枯死，以膨大的地下部分度过休眠期，环境条件适宜时，再萌发开花。球根花卉种类繁多，适应性强，栽培容易，花色花型俱佳，深受人们喜爱，广泛用于切花生产和盆花栽培，同时也常用于花坛、花境、岩石园或地被栽培，具有良好的经济和生态价值。

一、球根花卉的概念和分类

（一）概念

球根花卉是指地下茎或根变态膨大，成块状或球状的多年生草本植物。变态器官有两种功能：一是繁殖新植株，比如百合的分球繁殖、花叶芋分割块茎繁殖、大丽花分割块根繁殖等；二是贮藏营养，主要为淀粉、蛋白质、脂肪和水等，为新生长的器官或植株提供营养来源。

（二）依据地下器官的形态特征分类

根据地下变态器官的形态和结构，球根花卉主要分为球茎类、鳞茎类、块茎类、根茎类和块根类等。

1. 球茎类

地下茎肥大呈实心球状或扁球状的多年生草本植物。表皮被膜质鞘，具环状茎节，节上有侧芽，顶芽发达。须根生于球基部，牵引根发达，既支持地上部生长，又将新球固定于土壤内部。如唐菖蒲、香雪兰、小苍兰、观音兰、番红花、秋水仙、西班牙鸢尾、虎眼万年青等。

2. 鳞茎类

由多个鳞片着生于短缩茎盘上的多年生草本植物。被膜质表皮的种类为有皮鳞茎，如石蒜、郁金香、朱顶红、水仙花、风信子、文殊兰、百子莲等，无表皮种类为无皮鳞茎，如百合、贝母等。

3. 块茎类

地下茎膨大呈不规则实心块状或球状，顶端有数个发芽点的多年生草本植物，如仙客来、马蹄莲、白头翁、花叶芋、花毛茛、大岩桐、球根秋海棠等。

4. 根茎类

地下茎膨大呈根状，具有明显的节和节间，节上生芽和根的多年生草本植物。其顶芽可发育成花芽开花，侧芽发育成枝条，如美人蕉、睡莲、荷花、姜花、铃兰、六出花、球根鸢尾、红花酢浆草等。

5. 块根类

地下部不定根或侧根膨大呈块状，其上无节和芽眼的多年生草本植物。块根类花卉发芽点位于植株茎基部，块根主要功能是贮藏养分和水分，一般不能作为繁殖器官，如大丽花、花毛茛、非洲百合、欧洲银莲花等。

（三）依据栽培季节分类

1. 春植球根类花卉

该类花卉喜温暖和充足的阳光，不耐寒。春季3～5月栽植，夏季或秋初开花，秋冬季地上部枯死，进入休眠，次年春季萌芽。如葱兰、唐菖蒲、大丽花、美人蕉、晚香玉、大岩桐、花叶芋、朱顶红、球根秋海棠、彩色马蹄莲、春植酢浆草等。

2. 秋植球根类花卉

该类花卉喜冷凉气候，耐冬季低温，部分花卉可耐－30℃低温。秋季7～9月栽植，秋冬季生长，次年春季至初夏开花，盛夏进入休眠期。如水仙、郁金香、小苍兰、垂筒花、番红花、球根鸢尾、葡萄风信子、虎眼万年青和百合（东方百合、亚洲百合及麝香百合）等。

二、球根花卉的栽培特点

（一）以无性繁殖为主，部分采用播种繁殖

球根花卉普遍采用植物的萌芽、分蘖和鳞片等进行分生、扦插和组织培养繁殖。种球增殖能力弱的球根花卉，主要采用播种繁殖。

1. 分生繁殖

球根花卉的地下膨大器官（简称母球）长到一定程度时，周围会长出几个小籽球，将其从母球上分离，种植于基质中，可生长成活。

2. 扦插繁殖

将部分球根花卉的叶片、嫩枝和鳞片等插入湿润的基质中，约3周后生根，长成新植株的一种繁殖方式。比如秋海棠和大岩桐可通过叶片扦插，大丽花通过嫩枝扦插，百合通过鳞片扦插进行繁殖。

3. 组培繁殖

球根花卉都能通过组织培养繁殖。选取干净的嫩叶、芽或鳞片等，消毒后接入培养基，无菌条件下，可分化成完整植株的繁殖方式，称为组培繁殖。选用0.5cm大小的嫩芽为外植体，可以培育脱毒种苗。

4. 播种繁殖

球根花卉有时也采用播种繁殖，大部分球根花卉播种3~4年后才开花，时间漫长，不利于商业化生产。播种繁殖常用于常规杂交育种和杂种优势育种等领域。

（二）种球贮藏技术相对简单

1. 春植球根类花卉

（1）喜湿润球根类花卉

种球收获后，晾晒3~5d，然后置于湿润的基质和较低的温度下贮藏。基质主要为河沙、蛭石、锯末、苔藓等；贮藏温度和植物种类有关，大丽花和美人蕉一般为5~7℃，百合一般为0~10℃；贮藏环境保持湿润，相对空气湿度50%~60%为宜。

（2）喜干燥球根类花卉

主要为唐菖蒲和晚香玉等，种球收获后晾晒1~2周，然后贮藏。贮藏时需搭架，架上放竹帘、苇帘或竹筛，贮藏期间要经常翻动种球，防止霉烂。唐菖蒲贮藏温度2~4℃，温度低于0℃，球茎易霉烂，高于4℃，则易出芽。晚香玉贮藏温度偏高，则为15~20℃。

2. 秋植球根类花卉

种球收获后晾晒3~5d，搭架贮藏。贮藏条件和植物种类有关，郁金香需要贮藏于黑暗、通风、凉爽的环境下；水仙种球用泥密封后贮藏于低温下；球根鸢尾需要贮藏环境保持凉爽、干燥和通风。

（三）花期调控技术相对容易

球根花卉只要球根大小相似，栽培条件、时间一致，即可同时开花。所有球根花卉，人工控制后均可用于冬季开花，用于春节供应。春季开花者提前栽培，秋季开花者延后栽培，均可达到春节开花的目的。提前栽培者主要有水仙、百合、风信子和郁金香等；延后栽培者主要有石蒜、仙客来和球根秋海棠等。

（四）应用范围广，多用于切花、盆栽和主题公园

百合、郁金香等可用于切花生产；水仙、大岩桐、花叶芋、朱顶红、风信子、球根秋海棠和彩色马蹄莲等可用于盆栽；葱兰、美人蕉和晚香玉等可用于公园绿化美化；百合、郁金香、风信子和球根鸢尾等可用于主题公园等。

三、原产地和生长环境

球根类花卉有两个主要原产地区。一是除好望角之外的南非地区、中南美洲和北半球温带地区。该地区气候温暖，夏季雨量充足，冬季寒冷干旱，非常适合春植球根类花卉生长。如唐菖蒲、大丽花、美人蕉、朱顶红、大岩桐、晚香玉、球根秋海棠等。二是以地中海沿岸为代表的冬雨地区，包括小亚细亚、好望角和北美洲西南部等地。该地区秋冬季温暖多雨，夏季炎热干旱，非常适合秋冬季生长、夏季休眠的秋植球根类花卉。如水仙、百合、郁金香、风信子、仙客来、花毛茛、小苍兰、马蹄莲、番红花和球根鸢尾等。

四、代表花卉——百合节能日光温室栽培技术

'西伯利亚'属于百合科百合属东方百合杂种系，在诸多百合品种中，'西伯利亚'因其洁白的颜色、出众的品质、挺拔的花茎成为最受人们喜爱的品种之一。近年来，河北、天津、北京和江苏等地利用节能日光温室栽培'西伯利亚'等百合，进行切花的周年生产，取得了显著的经济效益，每年每亩的切花纯利润约为6万～8万元。

（一）种植前的准备工作

1. 土壤消毒

种植'西伯利亚'等百合前，要进行土壤消毒，一般采取化学消毒。具体方法为：用40%的福尔马林配成1∶50或者1∶100药液泼洒土壤，用量为2～3kg/m²，泼洒后用塑料薄膜覆盖3～5d，揭开晾晒5～7d即可种植。

2. 种球的解冻和消毒

种球到货后立即打开包装放在10～15℃的阴凉条件下缓慢解冻，待完全解冻后进行消毒。消毒方法：将种球放入1/1000的高锰酸钾或多菌灵、百菌清等水溶液中浸泡30min，也可将种球放入80倍的40%福尔马林溶液中浸泡30min，取出后用清水冲净种球上的残留药液，放在阴凉处晾干即可种植。

解冻后的种球若不能马上种完，不能再冷冻，否则容易发生冻害。将剩余的种球和消毒后的土壤混在一起，放在0～10℃条件下4～5周。若放置的时间太长，'西伯利亚'种球的萌芽力和生长势则大大下降。

（二）种植

1. 整地施肥作畦

'西伯利亚'喜欢土层深厚疏松、腐殖质丰富，能适当保持湿润并且排水良好的砂壤土。最佳的pH值为5.5～6.5，若土壤的pH值偏高，可在表土施尿素或铵态氮肥使之降低；反之可施用石灰使之升高。但用了石灰后，需将其和土壤混合放置3～5d之后才能种植。

'西伯利亚'百合不耐盐，基质中盐分的EC值不能超过1.5mS/cm。较高的盐分抑制根系对水分的吸收，进而影响到植株茎的长度。因此使用有机肥的时候，选用牛粪、羊粪和猪粪等含盐分较低的腐熟有机肥，对含盐分较高的鸡粪慎用。有机肥的施用量一般为每亩6～7m³。将有机肥和土壤深翻、混合均匀，做成6m×1.0m，高约20～30cm的畦。

2. 种球的种植

'西伯利亚'百合的生长周期110d左右，在节能日光温室内一年四季均可种植。为了使切花收获的时期在元旦、春节等节假日，可使'西伯利亚'百合种球在这些节日前的110d左右种植。种植的深度和季节有关，春、夏季要求鳞茎顶部距地8～10cm；秋、冬季为6～8cm。种植的密度和鳞茎周径有关，周径10～12cm的，密度为40～50个/m^2；周径12～14cm的，密度为35～45个/m^2；周径14～16cm的，密度为30～40个/m^2；周径16～18cm的，密度为25～35个/m^2。

（三）种植后的温室管理

1. 光照调节

'西伯利亚'是典型的长日照植物，日照时长影响花芽分化，在短日照季节，人工延长光照可使其提前开花。秋、冬季种植的'西伯利亚'，在芽萌发时就需要进行补光（一个20W的白炽灯/5～10m^2）。通常是在每天天黑前开始人工补光，将光照长度补足14h，直至百合花蕾出现。在寒冷的季节，为了防止因光照、温度不足导致落蕾现象，在11月份到第二年3月份期间，撤去遮阳网，以增强温室内的光照和温度。

2. 温度调节

若要获得高品质的'西伯利亚'百合切花，温室的温度控制十分重要。在定植后的3～4周内，土壤的温度最好保持在12～13℃，以促进茎的生根。温度过低会不必要地延长生长周期，而温度高于15℃，则会导致茎生根发育不良。在这个阶段，种球主要靠基盘根吸收水分、氧气和营养。当茎根开始生长，新生根很快代替基盘根为植株提供90％的水分和营养。所以要想收获高质量的切花，茎生根的发育状况十分关键。好的茎生根颜色呈白色且根毛多。因此，在高温季节种植百合种球时，应采用一系列降低地温的措施，比如种植前用温度较低的地下水灌溉土壤；加强温室通风；用稻草覆盖土壤；温室覆盖多层遮阳网等。

生根期过后，'西伯利亚'百合生长的最适温度为13～19℃。短期内忍耐的最低温度为8℃，最高温度为30℃。若温室的温度长时间（超过4～5d）保持8℃或更低的温度，则可能导致'西伯利亚'百合落蕾和黄叶，此时温室内则需要加温。在炎热的夏季，可以通过温室遮阳，在温室的前屋面挂喷灌降温系统，使温室内的温度保持在30℃以下。北方的节能日光温室具有优异的保温性能，即使在最寒冷的季节，夜间最低温仍然可以在8℃以上。因此，一般情况下，在河北和北京等地区，节能日光温室可满足'西伯利亚'百合的周年生长要求。

3. 湿度调节

定植前的土壤湿度以手握成团、落地松散为好。在温度较高的季节，定植前应浇一次冷水以降低土壤的温度。定植后再浇一次水，使土壤和种球充分接触，为茎生根的发育创造良好的条件。以后的浇水以保持土壤湿润为标准，即手握一把土成团但挤不出水为宜。温室内的相对湿度保持在80%~85%为宜。

4. 施肥

由于基肥的存在，在'西伯利亚'百合种植后3~4周不需要施肥，3~4周后，按N：P：K＝14：7：21的比例配制复合肥料，按照10kg/亩的量施肥，15d一次，直到采花前3周。

CO_2对百合的生长和开花有利，在温度许可的情况下，晴天10:00—16:00进行温室通风，在不通风的温室内，在上午8:00—10:00施用CO_2气丸，以增加温室内CO_2的含量。'西伯利亚'百合所处温室内的CO_2以0.08%~0.1%为宜。

（四）病害防治

'西伯利亚'百合主要病害是青霉菌、丝核菌、疫霉菌、腐霉菌、葡萄球菌等真菌性病害，多在高温高湿的环境下发生。主要的预防措施为：在种植前检查鳞茎的茎盘部分是否被真菌侵染并进行种球消毒；土壤消毒，并严格防止连作；避免温室内空气湿度过高，注意通风排湿，使空气湿度在85%以下；调节温度，白天在16~22℃，夜间在11~15℃左右，创造一个适宜作物生长，且不易发病的条件。药剂防治为：50%代森锰锌500倍、75%百菌清500倍防治以上病害，每周喷药1次，连续用药3~4次。

（五）采收与包装

'西伯利亚'百合至少有2个花蕾开始着色后才能采收。采收后按照花蕾的数量、大小、茎的长度和坚硬度以及叶片与花蕾是否畸形进行分级。摘掉黄叶、伤叶和茎基部10cm的叶片，以10支一束扎束，立即插入水中。

若需贮藏，温度宜为 2～3℃。可用带孔的瓦楞纸盒包装，在运输过程中保持温度 1～5℃。

第五节
兰科花卉的栽培管理

兰科（Orchidaceae）花卉（简称兰花）是高等植物中十分庞大的家族，是单子叶植物中最大的科，因形态、生理、生态具有共性和特殊性而单独成为一类花卉。全世界约有 800 属，30000～35000 种，广泛分布于热带和亚热带地区。我国有 166 属，1019 种。南北均有生产，主要分布于台湾、云南和海南岛。目前常见的栽培观赏种 2000 多个，主要用作切花和盆栽，具有重要的商业价值。

公元前 500 年，我国开始在室内种植兰花，逐渐在黄河流域形成兰花文化。19 世纪初，英国最早开始种植兰花；20 世纪初，兰花切花生产开始盛行，新加坡、菲律宾、马来西亚、泰国、美国等成为主要生产国，产品主要销往欧洲。

我国兰花的现代化栽培始于 20 世纪 60～70 年代的台湾地区，80～90 年代引入珠海、深圳、广州、上海和昆明等地，开始规模化生产。之后生产规模越来越大，目前，我国兰花的年均市场销量已达到 5000 余万株。

一、兰花的形态特征

（一）根

根为肉质，部分根系气生，线形，白色或绿色，分支或不分支。根群组织常和真菌（兰菌）共生，称为菌根。菌根可以固定基质和空气中的水分、养分，满足植株生长的需要。

（二）茎

兰花的茎下部连结根系，上部连结叶片和花，是贮存水分和养分的重要器官。兰花种类不同，茎的类型也不同。常见类型有直立茎、根状茎和假鳞茎。

1. 直立茎

茎直立或稍倾斜向上生长，叶片生于茎两侧，顶端不断抽生新叶，下部老叶逐渐变黄脱落，同时生长气生根，如万代兰、指甲兰、兜兰和凤兰等。

2. 根状茎

兰花种类不同，根状茎形态稍有差异。根状茎节上长有根和新芽，新芽生长后可发育成假鳞茎，假鳞茎可长叶、抽葶、开花。繁殖时，可剪短根状茎，将1株分成数株栽培，如卡特兰。

3. 假鳞茎

由兰花植物根状茎发展形成的变态茎，俗称芦头。其上着生顶芽和叶片，具有较强的繁殖能力。其形态和大小因品种不同，有卵圆形、棒状和细长条形，直径0.5～5cm。

（三）叶

地生兰的叶片多为线形、带形或剑形，叶片较薄；附生兰叶为带状或长椭圆形，叶片肥厚，革质。兰花叶片大小不同，形态各异，是很重要的观赏部位，也是插花中的重要材料。

（四）花

花茎顶生或腋生，总状、穗状、伞形、圆锥花序或花单生。花朵由3枚萼片、3枚花瓣、1枚蕊柱构成。花瓣包括侧瓣2枚、唇瓣1枚，因唇瓣特化，形状多样，颜色艳丽，是花朵中最具观赏价值的部位。蕊柱多呈柱状，是雌蕊和雄蕊互相愈合形成的器官，是合生一体的繁殖器官，也称合蕊柱。

（五）果实和种子

兰花的果实为蒴果，内有种子5000～30000粒，种子细小，易随风飘散。兰花种子的胚多发育不完全，不能直接萌芽。自然条件下，成熟的种子在有兰菌存在的情况下，才能发芽。其中兰菌的作用是分解有机物，给兰花种子的胚提供营养。

二、兰花的分类

（一）根据地理分布

1. 国兰

又叫中国兰或中国兰花，通常指兰科兰属中少数地生多年生草本植物，如春兰、蕙兰、建兰、寒兰、墨兰、兔耳兰、多花兰、独占春、美花兰、虎头兰等。国兰姿态优美、芳香馥郁，深受国人喜爱，是中国传统名花。

2. 洋兰

相对于国兰而言，兴起于西方，深受西方人喜爱的附生多年生草本植物。主要指热带兰花，如兜兰、蝴蝶兰、卡特兰、石斛兰、文心兰、千代兰、万代兰、大花蕙兰等。与国兰相比，洋兰花大、颜色鲜艳、没有香味。多附生于岩石缝隙或树干上，主要以观花为主。

（二）根据生态习性

因原产地的自然环境不同，兰花的生态习性和生长方式差异很大，通常分为地生兰、附生兰及腐生兰。

1. 地生兰

指自然状态下，植株根部生长在土壤中，通过吸收土壤中的水分和养分生长的兰花种类。部分地生兰依赖菌根吸收营养，供给植株生长。地生兰大多原产于亚热带地区，种类比较丰富，其种子成熟后，落到水分和腐殖质较多的土壤中，待温度、湿度和光照适宜时萌芽生长。多数种类的生长需要荫蔽环境，林木边缘、灌木丛、腐殖质丰富的砂质土壤，均适宜地生兰的生长。常见种类有中国兰、兜兰和虾脊兰等。

2. 附生兰

指生长在树干或岩石上，通过气生根吸收空气中的水分和养分，且能够进行光合作用的兰花种类。多数种类原产热带或亚热带地区，又称热带气生兰。它们的假鳞茎或气生根肥厚、粗壮且有根被，能附着在树干或岩石上，裸露在空气中。常见种类有蝴蝶兰、石斛兰、卡特兰、万代兰、虎头兰、紫兰等。

3. 腐生兰

植株没有绿叶，只有通过发达的根状茎吸收水分和养分的兰花种类。与真菌共生，能增强获取周围养分的能力，常见种类有大根兰、裂唇虎舌兰、中药材天麻。

三、兰花的生态习性

（一）温度

兰花种类多，分布广，需要的合适温度差异大。大部分兰花喜温忌冷，较佳生长温度是 18~30℃，5℃以下、35℃以上生长缓慢，生殖生长期为 5~18℃。部分兰花较耐低温，如春兰和寒兰可耐夜间 5℃的低温。

（二）光照

光照是兰花栽培的重要条件，光照不足易引起植株徒长，开花延迟，开花数量少；光照过强易灼伤叶片，叶片变黄甚至全株死亡。兰花种类多，对光照的需求不一样。兰属花卉在夏季可适度遮阳，其余季节可全光照；蝴蝶兰属花卉需全天遮光 50%~60%；卡特兰属花卉、万代兰属花卉和文心兰属花卉等需全天遮光 40%~50%；蜘蛛兰属花卉不需要遮光。

（三）水分

多数兰花喜湿忌涝，春、夏、秋三季需要空气相对湿度维持在 60%~70%，冬季需要稳定在 50%。

（四）基质

地生兰要求排水良好、疏松透气、有机物丰富的中性或微酸性土壤。附生兰不能生长在土壤中，需要透气性更强的苔藓、粗草炭或粗椰糠等作为栽培基质。

四、代表花卉——设施蝴蝶兰周年高效栽培技术

蝴蝶兰（*Phalaenopsis aphrodite*）又称洋兰，属于兰科蝴蝶兰属单茎气生兰，主要分布在热带及亚热带地区。蝴蝶兰以其体态轻盈、花朵硕大、

花色秀丽、色泽丰富、观赏期长等特色，被誉为"洋兰皇后"，具有很高的观赏价值和经济价值，深受市场的欢迎。近年来我国蝴蝶兰的年销量为5000余万株，在南北各地均有大量栽培。我国南方主要生产设施是大型连栋温室，北方主要是节能日光温室，每年每亩的蝴蝶兰纯利润约为9万~10万元。

（一）种苗选择

蝴蝶兰定植前，要选择优质组培苗。蝴蝶兰优质组培苗的标准为植株生长健壮，根系发达鲜艳，叶片2叶1心且深绿肥厚，无烂根，无病虫害。

（二）基质选择

蝴蝶兰为典型的热带附生兰，栽培基质要透气、保湿和排水，苔藓、草炭、树皮、栎树叶均可种植蝴蝶兰，生产上常用苔藓直接种植，要求干净无菌，pH值在6.5左右。种植种苗前，苔藓用水浸泡30~60min，然后紧紧包裹种苗根系，植入栽培容器。

（三）栽培管理

1. 温度调控

蝴蝶兰性喜温，耐寒力弱，在5℃以下即会死亡。冬季温度在12℃以上较为安全，在18℃以上生长最为适宜，因此冬季应注意防寒，并尽量提高温室温度。在夏季也要注意降温防暑，如经历热天气（在35℃以上）太长，加之通风不良，也会导致发育不良。栽培实践表明，蝴蝶兰2.5~3.5寸（1寸=3.33cm）的苗如经较长时间的低温或高温锻炼能够忍受短时间的2.6℃或38℃的极端温度。在简易的栽培环境条件下，12~35℃的栽培温度，亦能生产出高质量的商品蝴蝶兰。但在幼苗期要保持20~35℃的温度，开花期和蕾期保持12~35℃的温度。

为保证合适生长温度，蝴蝶兰栽培温室夏天将塑料薄膜的底风口处和腰风口处打开50cm缝隙通风，夜晚不关闭。下雨时关闭上风口和腰风口。9月底，晚上关闭所有通风口，白天当温度高于30℃开放腰风口。10月初加盖保温被，5月初撤除保温被。

2. 光照调控

蝴蝶兰栽培中光照不宜过强，尤其在夏秋季节，应遮光70%。长时间光照易灼伤甚至杀死植株。根据苗龄不同应控制不同的光照：幼苗、小苗最佳光照在15000lx以下；中苗、大苗最佳光照在15000～20000lx；开花期光照在20000～35000lx。日光温室苗床前、中、后的光强和光质均不同，每2周倒盆1次，防止蝴蝶兰偏冠生长。光照时间愈长愈好，每天光照时间不低于8h。

3. 水分调控

蝴蝶兰喜高湿耐干旱，适宜的空气湿度为60%～70%。湿度过低根系发育缓慢，叶片干燥无光泽，长时间低湿环境，易导致叶片黄化萎蔫。基质浇水的原则为见干见湿，苔藓干透后应尽快浇水。水的EC值低于0.5mS/cm，EC值过高会影响根系对矿质元素的吸收。春季空气湿度较大，3～7d浇水1次；夏秋季环境温度较高，水分蒸发量大，通常2～3d浇水1次；冬季气温低，通常在上午10点至下午3点前浇水，7d浇水1次。

4. 肥料调控

蝴蝶兰叶片和根系肥厚，施肥浓度高时易损伤叶片和根系。肥料常选用花多多系列，施肥浓度为0.5～1.0mS/cm，每7～10d施肥1次。肥料的种类和蝴蝶兰的生长时期有关。生长期（2～7月上旬）采用20-20-20（即N-P-K，下同）肥与30-10-10肥交替使用；催花前期（7月上中旬）施用9-45-15肥3次；催花期施用10-30-20肥与20-20-20肥4～5次；开花期施肥同催花期，但浇肥的频次减半。

5. 花期调控

蝴蝶兰的开花时期可以通过调节温度控制。蝴蝶兰幼苗达到4片以上叶时，可进行催花。白天保持23～25℃，夜间保持16～18℃，或8～10℃的昼夜温差，连续30d，植株会产生花芽，花芽分化率可达100%。在不灼伤蝴蝶兰叶片的前提下，提高光照强度（15000～30000lx）也可促进花芽分化，提高开花率。其间浇水间隔可延长2～3d，70～80d花芽可完成花芽分化。之后温室温度缓慢上升到白天25～28℃，夜间18～20℃，待花梗长至10cm时，用花梗固定花梗，以免倒伏，之后花梗快速长粗，并抽生花苞。

一般条件下，组培苗经过12～16个月便可开花。蝴蝶兰是多年生花卉，一般来讲,株龄越长,蝴蝶兰开花整齐度越高,花朵数越多,花朵直径越大,花期越长。因此,要获得优质的开花株,可选用1.5~2年以上株龄的植株(6~8片叶)进行处理,花朵数均可达8朵以上。

6. 青苔的抑制

蝴蝶兰在生长过程中,苔藓长期处于潮湿环境中,易生长青苔。青苔和蝴蝶兰竞争养分,滋生大量病原菌,严重影响了蝴蝶兰的正常生产。生产中通过喷施1.0mg/L高锰酸钾溶液,能明显抑制青苔的生长。

(四)病害防治

蝴蝶兰栽培期间的主要病害有真菌性的灰霉病和细菌性的褐斑病。生产中要以防为主,防治结合,及时检查病虫害并清除病株残叶,定期杀菌,轮换交替用药以防病原产生抗药性从而提高防效。蝴蝶兰发病期间,用75%的甲基硫菌灵和75%的百菌清600~700倍液喷施,每7d喷施1次,连续喷施3次,可达到控制和减轻病害的目的。

第六节
室内花卉的栽培管理

室内花卉是花卉学的一个分支,将科学、技术和艺术融于一体,使人足不出户就可以感受大自然的气息。室内花卉既可以美化居室环境,又可以吸收甲醛、苯、二氧化硫等有害气体从而净化室内空气。近年来,随着生活水平的提高,人们对室内花卉的需求越来越大,室内花卉生产已成为我国花卉生产的重要组成部分。

一、室内花卉的概念和分类

(一)概念

指在室内环境下能够长期健康生长,有较高观赏价值的花卉。室内花卉喜阴耐阴、喜湿润和温暖的环境,对栽培基质水分含量变化不太敏感,种类繁多，有草本、小灌木和小乔木等。如红掌、蕨类、凤梨、竹芋和玉簪等草本植物；栀子花、金丝桃、含笑、六月雪和南天竹等小灌木；彩叶木、龙舌兰、朱蕉、福禄桐和石榴等小乔木。

（二）分类

1. 观花类

花期为主要观赏期，平时也可以观叶，如红掌、绣球、君子兰、朱顶红和非洲紫罗兰等。

2. 观叶类

观叶类花卉的主要特点有三点：一是叶颜色鲜艳，嫩绿色或彩色；二是叶形美观，心形、掌形、扇形、菱形和椭圆形等；三是叶面图案美，有斑点、镂空、彩叶脉和皱褶纹等。此外还有的叶片有芳香味，如薄荷、藿香、欧芹、碰碰香和迷迭香等。观叶类花卉种类繁多，一年四季皆可观赏，在世界花卉贸易中占有一定份额，有较高的商业价值，是重要的室内花卉种类。

3. 观茎类

这类植物叶片退化或脱落，茎成为主要观赏器官，如仙人掌、量天尺、光棍树、富贵竹和龟甲龙等。

4. 观果类

主要以果实为观赏器官的植物。观果类花卉主要特点有三点：一是色彩鲜艳，二是香味浓郁，三是性状独特。个别种类兼具多种观赏性能。可剪取果枝插瓶，供室内观赏；也可点缀园林景观，弥补观花植物的不足。观果类花卉植物种类不多，价格较贵，如朱砂根、薄柱草、南天竹、珊瑚樱和巴西茄等。

二、室内花卉栽培需要的环境条件

室内花卉种类繁多，原产地不同，需要的环境条件差异较大。

（一）温度

室内花卉一般喜温暖，大部分生长适宜温度为15～25℃。低于15℃和高于30℃，生长缓慢。原产于热带的室内花卉生长适宜温度偏高，为25～

30℃，越冬温度不低于15℃；原产于温带的室内花卉只要不低于5℃，可正常生长。

（二）光照

大部分室内花卉喜阴，种类不同，喜阴程度也不同。喜光室内花卉如龙血树、巴西铁、芦荟、鸭掌木、幸福树和琴叶榕等；较耐阴室内花卉如合果芋、白鹤芋、吊竹梅、蔓绿绒和非洲紫罗兰等；极耐阴室内花卉如蕨类、一叶兰、虎耳草、白网纹草和广东万年青等。

（三）水分

对室内花卉来说，适宜的空气湿度比土壤含水量更重要。较低的空气湿度易造成室内花卉新梢和叶片边缘干枯死亡，温度越高，这种现象越明显。有的种类喜高湿的土壤，如袖珍椰子；有的种类喜较湿润的土壤，如竹芋；有的喜干旱的土壤，如仙人掌等。

（四）土壤

室内花卉一般为盆栽，需要干净的栽培基质。常用的基质主要为蛭石、草炭、珍珠岩和椰糠等，一般情况下，两种以上的基质混合使用效果更好。也有用土壤的，如园土、腐叶土和塘泥等，土壤应具有肥力高、透气和保水等特点。采用基质和土壤的类型由室内花卉种类决定。

三、栽培特点

（一）光照强度合适，经常转盆

不同室内花卉需要的光照强度差异较大，不同植物，通过调整摆放位置来满足其对光照强度的需求。植物都有趋光性，每周至少转盆1次，防止出现偏冠现象，影响观赏效果。

（二）空气相对湿度要合理，基质浇水要适度

室内花卉种类不同，需求的空气湿度和基质含水量也不同。对喜湿种类，要经常喷水和浇水，保持较高的空气湿度和土壤含水量；对耐干旱种

类，少喷水和浇水，防止烂叶和烂根现象。

（三）保持叶片表面干净

室内花卉因摆放位置原因，叶面上常落满灰尘或油烟。宜用软布擦拭或叶片喷水的方式保持叶片干净，既提高了叶片的光亮度，也促进了光合作用。

四、代表花卉——设施盆栽红掌周年高效栽培技术

红掌别名花烛、安祖花，是天南星科花烛属多年生附生性常绿草本植物，20世纪90年代才开始进行商业化规模栽培。近几年逐步引入我国，因花形奇特、花色鲜艳、花期特长和叶片优美，在我国的需求越来越大。目前我国引进的主要为盆栽红掌，盆栽红掌分株能力强，丛生，花枝较多，叶色墨绿，叶枝优雅，是极具商业潜力的室内花卉。在河北、北京和江苏等地有较多塑料大棚和节能日光温室等设施从事盆栽红掌栽培，取得了显著的经济效益。

（一）设施和品种选择

盆栽红掌宜栽于园艺设施中，可采用连栋塑料大棚和节能日光温室，大棚架肩高3～4m，顶高5～6m。大棚顶部覆盖一层遮阳率50%遮阳网，大棚内部高3～4m处遮上一层可移动50%遮阳网，周围围上一层遮阳率75%的遮阳网，既遮光又防虫；节能日光温室高3.6m，保温墙厚0.5～1m，温室顶部遮上一层75%的遮阳网，在顶风、腰风和底风等通风部位遮上一层防虫网。在决定栽培红掌之前，一定要根据市场的需求和已经掌握的技术，选择适宜的品种，这是任何花卉栽培者最先要决定的事情，关系到栽培的成败。

（二）基质选择

红掌的根系对通气要求高，通气保湿的基质是根系生长良好的基础，根生长良好植株才能健壮。可以选择的基质有许多，例如草炭、椰糠、树皮块和珍珠岩等。目前，通常采用的基质是草炭，或者草炭：椰糠＝2：1的复合基质。

(三) 栽培管理

1. 苗期管理

小苗可以从国外进口，也可以从国内组培供应商处购买。应选购生长均匀而健壮的种苗，组培苗常会有变异株，变异株的特点有两点：一是丛生，小苗成丛，不断分株长不大；二是叶形变态，长大后成不了产品。不要购买弱小、生病和变异较多的小苗。

为了使红掌在每年的劳动节、国庆节、元旦和春节上市，小苗栽培的时间要错开，分别在2～3月、7～8月、9～10月和11月栽培小苗。栽培时要用苗盘忌用穴盘，若用穴盘栽培，幼苗的生长环境变化剧烈，容易使植株生长畸形和叶片边缘枯死，影响以后的生长。另外，要将草炭等基质加水搅拌成稠糊状，栽入幼苗即可。

小苗需要较弱的光线，要多加一层50%遮阳网，用细孔花洒洒水。小苗淋水要适中，早期要偏干一些，避免烂根烂苗。小苗长到满盘时就要开始上盆，选用10cm口径的软盆，软盆要有良好的排水孔，每盆种两株苗，以便更快成形，提早上市。上盆覆土要深浅适中，以覆土至根茎交界处为宜。经过4～6个月，红掌苗长到互相遮盖时需要换盆。

2. 成株管理

换盆时先在新盆底部垫上一层培植土，将苗取出，不要除去原来的培植土，直接放到新盆内（口径14cm或者17cm），加上培植土即可。换盆后的植株栽培模式有两种：一是架式栽培，在地面上搭一高20～30cm的架，架面用石棉瓦覆盖，将植株置于架上即可；二是在地面上铺一层土工布，将植株放在上面栽培。这两种方法均能有效杜绝土传病害的传播，确保植株的健康。由于土工布能吸收水分，减缓水分的散失，因此第二种栽培模式较第一种的空气湿度高，更利于红掌的生长。

试验表明，换盆后8个月，第二种栽培模式下的植株无论是株高还是株幅均超出第一种模式下的植株10cm。因此，铺设土工布的栽培模式能明显使红掌上市时间提前，增加经济效益。

（四）温度和光照调控

红掌生长最适宜的温度是18～28℃。当温度高于32℃时要采取降温措施，例如加强通风，多喷水及适当遮阴等，若温度超过35℃叶片容易烧伤，嫩叶易枯死。当温度低于10℃时要进行加温，加温的方法很多，种植者要根据当地环境与条件选择经济实用的加温设备。红掌喜阴，晴天时要展开遮阳网。阳光过强会灼伤叶片，但光太弱光合作用就弱，红掌开花小，植株虚弱。适宜光照强度相当于晴天的25%，约20000～25000lx。

（五）水和肥料管理

要选择有充足软水的地方栽培红掌，水的含盐量越少越好，EC值应低于0.5mS/cm。水含盐量高的地方，最好选择收集和贮藏雨水或用经过处理之后的水，水的pH值最好在5.2～6.6之间。红掌喜钾肥，应选用钾含量高的复合肥，以水溶肥为主；或者采用花多多2号肥，这是无土栽培专用肥料，红掌整个生长期均可用该肥料。不同的生长期，采用的肥料浓度不同，苗期需肥较少，可采用1200～1500倍液，成株期为了促进开花，可采用800～1000倍液。苗期10d施肥一次，成株期7d施肥一次。

（六）鉴别

判断观赏花卉生长是否正常是栽培者的重要技能，观察红掌生长是否正常主要抓住三点：一是叶色是否浓绿发亮，二是叶片是否从下往上一片比一片大，三是根系是否生长旺盛，没有变黑坏死。

（七）病害防治

红掌病害防治必须坚持"预防为主，综合治理"的原则。进入栽培场地之前，必须对红掌种苗进行严格检疫，杜绝病源进入。目前设施红掌常见的病害为炭疽病和斑叶病等真菌性病害，防治方法为用50%甲基硫菌灵、80%代森锰锌、75%百菌清和50%克菌丹中的一种或几种，500～800倍液，每隔7～10d用药一次，一共2～3次，即可达到控制和减轻病害的目的。

（八）采收与包装

选取合格的成品，最好选择那些无嫩叶、叶片全部稳定的植株出圃。因为嫩叶在运输途中常受损伤，包装前进行整理，除去黄叶，明显露根的要添加培植土，整理好的植株应套上塑料袋，保护好花叶。

第七节
多肉植物的栽培管理

多肉植物的根、茎、叶三种营养器官中的一种或几种肥厚多汁,能够贮藏大量水分。通常包括仙人掌类和多浆植物(为了便于区分概念,本书中的多浆植物不包括仙人掌类植物),其中裸子植物1个科、双子叶植物47个科、单子叶植物17个科,共10000余种。因其株型别致,颜色多变,质感肉质,深受人们喜爱,市场前景广阔,商业价值较大。

一、多肉植物的概念和分类

(一)概念

1. 仙人掌类植物

泛指仙人掌科植物,共140余属,2000多种,品种丰富,通常具有较高的观赏价值和经济价值。

2. 多浆植物

也叫多水植物,是指植物的茎、叶或根的薄壁组织非常发达,能够贮藏大量水分,外形上呈现肥厚多汁的变态状植物。该类植物种类多样,形态迥异,常见栽培种类主要分布在菊科、景天科、葫芦科、百合科、大戟科、番杏科、萝藦科、葡萄科、龙舌兰科、鸭跖草科、马齿苋科、酢浆草科、牻牛儿苗科等。

3. 多肉植物的范畴

狭义的多肉植物仅指多浆植物,广义的多肉植物既包括仙人掌类植物也包括多浆植物。仙人掌类植物和多浆植物最大的区别是前者有刺座,刺座是仙人掌类植物高度变态的短缩枝,为一垫状结构,其上着生刺和毛,还着生多种芽体,有叶芽、花芽和不定芽。

(二)分类

1. 叶多肉植物

是指贮水组织主要为变态叶,茎和根的肉质化程度较低且有一定程度肉质化的多肉植物。多为景天科、百合科、番杏科和龙舌兰科，如石莲花、长生草、黑法师、筒叶花月、福娘、芦荟、生石花、灯泡、雷神和鬼脚掌等。

2. 茎多肉植物

是指叶片少或无，贮水组织主要为变态茎，茎表皮组织能够进行光合作用的多肉植物。如布纹球、花犀角、仙人掌、虎刺梅、泥鳅掌、南非龟甲龙、苍角殿和猴面包等。

3. 根多肉植物

是指干旱季节叶和茎脱落，水分回流到根系中，根系变态肥大为主要贮水组织的多肉植物，如京舞妓和胡克酒瓶。

4. 其他多肉植物

根、茎和叶等都发生了变态，均可贮水的多肉植物，如葡萄瓮、万物想等。

二、需要的环境条件

多肉植物种类繁多，原产地不同，需要的环境条件差异较大。

（一）温度

原产地不同，对温度的需求也不同。大部分多肉植物原产于热带、亚热带地区，生长需要的温度较高，最适温度为25～35℃；低于15℃、超过38℃，植株生长变慢，甚至会停止。少数原产于高山干旱地区的种类较耐低温，可忍耐5℃以下的低温，0℃以下则会冻死。

（二）光照

原产干旱或沙漠地区的多肉植物，在生长期间，则需要强光，若光照不足，植株易变细弱，叶、刺易脱落。在休眠期间，则需要弱光。幼苗需要的光照强度低于成年植株。原产于热带雨林的多肉植物，终年不需要强光直射，因冬季温度较高，无休眠期，植物的生长量较大，光照强度要求和生长季节一样。

大部分多肉植物对光照时间没有严格要求，少数短日照种类如仙人指、蟹爪兰和伽蓝菜，需要每天遮光 2~4h，连续遮光 2~3 周，才能开花。

（三）水分

大部分多肉植物原产地较干旱，浇水不要太多，浇透即可，浇水过多则易烂根。另外多肉植物种类不同，生长期不同，对水分的需求也不同。附生类多肉植物比陆生类需水多；生长期比休眠期需水多；幼苗比成株需水多。

（四）基质

大部分多肉植物怕基质积水，因此需要栽培基质排水通畅，透气性好，保水能力不要太强，比如粗砂、粗草炭、粗椰糠、沙土或沙壤土等。如果基质富含有机质，效果更佳。

三、栽培特点

（一）生长期和休眠期区分明显

原产热带和亚热带地区的多肉植物，由于该地区气候有明显的雨季和旱季，多肉植物在雨季（夏季）快速生长，在旱季（冬季）进入休眠。有的则在冬季（雨季）快速生长，在夏季（旱季）进入休眠。因此多肉植物可分为夏型种（冬季休眠）和冬型种（夏季休眠）。

（二）耐旱能力极强

大部分多肉植物为景天科酸代谢途径，夜间空气湿度较高时，气孔开放，吸收 CO_2，进行羧化作用，将 CO_2 转化成苹果酸，暂时贮存在液泡中；白天空气湿度低，气孔关闭，利用夜间固定的 CO_2 进行光合作用，减少了水分蒸腾。该途径为多肉植物在长期干旱环境中适应的结果，在土壤有少量水分的情况，能长时间正常生长。

（三）营养生长周期长，开花结种困难

一般情况下，多肉植物营养生长周期长，开花较晚，且结种困难。开花早晚与株型有关，小株型种类开花时间稍早，播种后 3~4 年开花；大株型种类播种后 20 年甚至更久才能开花。如金琥，播种 30 年后才能开花。

大部分多肉植物通过昆虫授粉，且自花授粉结实率低。在设施内栽培时，应进行辅助授粉，才能提高结实率。

四、代表花卉——景天科多肉植物的栽培管理技术

2010年前后，多肉植物在我国花卉市场突然兴起，2013年我国开始了规模化设施栽培多肉植物，主要种类包括景天科、百合科、番杏科和龙舌兰科等，主要栽培基地位于云南、福建、上海、江苏和山东等地。景天科共有34属1500余种，主要包括景天属、拟石莲花属、莲花掌属、风车草属、瓦松属等，具有重要的观赏价值和经济效益，是重要的栽培类型。

（一）设施类型

多肉植物适宜的生产设施主要有日光温室和大棚。云南和福建主要采用大棚，上海、江苏和山东主要采用日光温室。日光温室和大棚的通风口要高于普通设施，高通风口对多肉植物的生长影响小。为了防止夏季高温强光对植株的伤害，生产设施需要加装40%~60%的黑色或银色遮阳网。

育苗时常采用陶盆和塑料盆，塑料盆最佳，盆底部的排水孔要多而小，利于排水透气。

（二）基质

景天科多肉植物需要疏松透气、排水性好的栽培基质，主要有粗草炭、腐叶土、椰糠、蛭石和珍珠岩等。矿质基质颗粒直径2~10mm为宜，pH 5.5~6.9为佳。基质过细不利于透气排水，过粗不利于保水保肥；pH值超过7.0，部分多肉植株易失绿死亡。

基质使用前需要消毒，以杀死致病菌和虫卵。常用消毒方法为蒸汽消毒和药剂消毒。蒸汽消毒时温度不低于70℃，消毒时间2h；药剂消毒时采用杀菌剂75%百菌清或50%多菌灵，及杀虫剂5%辛硫磷等，药剂和基质混匀，薄膜覆盖，3d后即可使用。

（三）栽培管理

1. 育苗

景天科多肉植物的繁殖方式主要有播种、叶插、茎插、分株和组织培养

等，目前生产中常用叶插和茎插繁殖植株，可在短时间内获得大量种苗。叶插时，摘取生长健壮、无病虫害的嫩叶，保持叶片干净无水，阴凉干燥环境中晾1~3d，伤口无渗液时扦插于基质中。厚叶片可平铺于基质表面，薄叶片叶基部需插入基质0.5~1.0cm。2周后浇水，保持基质湿润。大部分景天科植物扦插20d后生根，扦插6~7个月后达到商品苗标准。

茎插时，选取有2~3个节的健壮枝条，剪成平口。阴凉干燥处晾至切口无渗透液扦插于基质中，深度2cm。1周后可少量浇水，20d后生根，3个月后达到商品苗标准。

2. 定植

定植时期和多肉植物的类型有关。夏型种在3~10月定植；冬型种在9月至次年5月定植。定植前去除烂根、黑根和病根，晾1~2d后定植，定植深度为2~3cm。

3. 环境调控

（1）温度

夏型种温度较高时生长良好，超过38℃和低于12℃时生长缓慢，如火祭、若绿和唐印等。冬型种较耐低温，喜凉爽环境，高温下休眠，但低于5℃会生长变慢。如福娘、熊童子和天锦章等。

多肉植物在夏季和冬季容易受到高、低温胁迫，损坏率高。因此做好夏季防暑、冬季抗寒是关键。夏季设施内温度高于30℃，要通过遮阳、通风、喷水等降温，通风口不低于2m，遮阳网覆盖2层；冬季低温时通过展开内保温或使用加温设施达到保温目的。

（2）光照

景天科多肉植物对光照强度要求高，生产中根据植株生长期对光照的需求，调整设施内光照强度。苗期需要弱光，覆盖75%遮阳网；生长期需要稍强光照，覆盖70%遮阳网；着色期需要较强光照，覆盖30%~60%遮阳网。冬季设施内光照较弱，需要人工补光，设施常用光源如白炽灯、金卤灯和高压钠灯等。

（3）水分

景天科多肉植物对水质要求较高，水要消毒，最好采用纯净水，以阻断水源携带病原菌和虫卵。多肉植物生长期不同，需要的水量也不同。苗期和旺盛生长期需水量大，3～4d浇水1次；休眠期7～10d浇水1次。浇水原则保持基质湿润即可，不可积水。

(4) 肥力

依据生长周期，景天科多肉植物一般在春、秋两季施肥。施肥原则为宁淡勿浓。苗期施用高磷水溶肥，旺盛生长期施用高氮水溶肥，花期施用氮、磷、钾复合肥，也可以施用 KH_2PO_4，肥料浓度一般为 0.6～0.8mS/cm。景天科多肉植物不用或少用缓释肥，以免影响多肉植物着色。

（四）颜色调控

彩色的多肉植物观赏价值和商品价值更高，花青素含量是植株呈色的关键因子，其含量越高，植株颜色越丰富。生产中通过调控光、温、水、肥等，影响花青素含量，达到改善多肉植株颜色的效果。

一般情况下，较强的光照和较多的紫外线，可延缓植株生长，增加花青素含量，利于多肉植物着色。如景天属和拟石莲花属的杂交种强光下呈正红色，弱光下呈黄色。少部分多肉植物在弱光下利于着色，如拟石莲花属的红宝石强光下呈黄色，弱光下（50%～60%的遮光率）呈红色。

低温时，多肉植物的部分叶绿素转化成花青素，以抵御寒冷，达到着色效果。低温季节，如早春和晚秋的低温均可增加花青素含量，这时的多肉植株大多色彩斑斓，异常美艳，如雪球、贝利和海琳娜等。

水肥适度亏缺，会引起多肉植株花青素含量增加，可以抵御干旱胁迫。因此着色前适度控水肥，利于提高其观赏性和商品性。此外植株颜色和株龄也有关系，株龄越长，颜色越丰富。

（五）病害防治

景天科多肉植物常见病害为灰霉病、霜霉病、白粉病和炭疽病等。大多与设施内高温高湿环境有关。因此设施内要经常通风降温、降湿，创造不利于致病菌生存的条件，防止致病菌快速繁殖和传播。植株患病后，及时喷施广谱性杀菌剂，如50%多菌灵、70%百菌清、70%代森锰锌、50%乙霉·多菌灵和50%异菌脲等，任取2～3种，700～800倍液，7d喷施1次，连续喷施3次，可控制病害蔓延。

第四章 花卉的栽培管理

【本章知识结构图】

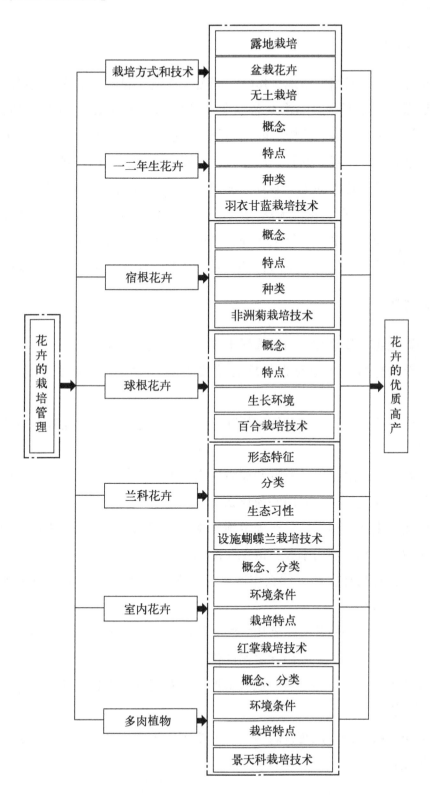

121

【练习题】

一、名词解释

花卉的露地栽培、整地、作畦、间苗、移栽、起苗、喷灌、微喷灌、滴灌、渗灌、调亏灌溉、隔沟交替灌溉、有机肥、无机肥、基肥、追肥、撒施、穴施、沟施、灌溉施肥、叶面施肥、中耕、整形、越冬防寒、园土、腐叶土、堆肥土、草炭、蛭石、珍珠岩、岩棉、上盆、换盆、倒盆、转盆、花卉的设施栽培、花卉的无土栽培、植物工厂、连栋温室、日光温室、拱棚、营养液膜法（NFT）、深液流法（DFT）、动态浮根法、雾培法、花期调控、促成栽培、抑制栽培、一年生花卉、二年生花卉、宿根花卉、球根花卉、地生兰、附生兰、腐生兰、室内花卉、多肉植物、仙人掌类植物、多浆植物。

二、问答题

1. 露地花卉栽培时，如何选择土壤，怎么管理土壤？
2. 整地作畦是露地花卉栽培的重要措施，对花卉的生长发育有哪些影响？
3. 露地花卉生产时，为什么要间苗、移栽，这些措施对花卉的生长有什么积极作用？
4. 花卉生产过程中，有哪些灌溉种类或方式？各有什么特点？哪种灌溉方式是今后农业灌水的方向？为什么？
5. 花卉生产过程中，怎么确定施肥类型、施肥量和施肥方法？哪种施肥方法见效快、肥料利用率高？请说明原因。
6. 中耕对花卉生产有什么作用？为什么说锄头下面有水、锄头下面有火、锄头下面有肥？
7. 除草剂有哪些种类？施用方法有哪些？有哪些积极作用？请从生物进化论的观点解释，长期施用除草剂的优点和不足。
8. 花卉有多种整形方式，这些整形方式对花卉的生长、花朵的数量和质量有哪些影响？
9. 越冬防寒是露地花卉栽培的重要措施，生产中有哪些保温方法？各有什么优点？

10. 花卉盆栽常用基质有哪些？怎么配组？有哪些应用注意事项？

11. 常用的花卉栽培设施有哪些？各有什么功能特点？设施的发展方向是什么？

12. 在苏北地区采用哪种设施生产红掌，为什么？

13. 花卉的水培类型有哪些？有什么优缺点？今后花卉的水培发展方向是什么？

14. 营养液配制的原则是什么？有哪些配制方法？常见的营养液培养有什么共同点？

15. 运用花期调控的知识，谈一谈如何将牡丹的开花期由四月份调控到春节前？

16. 常见的一二年生花卉种类有哪些？有什么栽培技术要点？园林应用形式有哪些？

17. 常见的宿根花卉种类有哪些？有什么栽培技术要点？园林应用形式有哪些？

18. 常见的球根花卉种类有哪些？有什么栽培技术要点？园林应用形式有哪些？

19. 常见的兰科花卉种类有哪些？有什么栽培技术要点？园林应用形式有哪些？

20. 常见的室内花卉种类有哪些？有什么栽培技术要点？园林应用形式有哪些？

21. 常见的多肉植物种类有哪些？有什么栽培技术要点？园林应用形式有哪些？

生产实训四
花卉的栽培管理（以地栽花卉为例）

一、目的要求

1. 使学生熟悉地栽花卉栽培整地要求，掌握整地作畦操作步骤及标准。

2.使学生掌握地栽花卉间苗、移栽、定植技术及正确使用工具及保苗护根方法。

二、材料用具和实训地点

1.材料用具

铁锹、移植铲、耙子、锄头、水泵、喷壶、营养钵、水桶、土筐、有机肥、卷尺。

2.实训地点

当地日光温室、苗木生产圃、苗木生产基地和花卉生产企业等。

三、方法步骤

1.整地作畦

作高畦和平畦两种，分组完成。

① 整地前2~4d浇透水，深翻土地30cm深，清除杂物，打碎大土块，施入有机肥，混匀耙平。

② 高畦长度6~30m（长度和地块长度保持一致），宽1.2~1.5m，高度20~30cm，耙平待种。

③ 平畦长度6~30m，宽1.2~1.5m，畦面与畦埂平齐，耙平待种。

2.间苗、移栽、定植

教师先演示，学生再动手实训。

① 间苗　间苗前2~3d先浇透水，根据幼苗种类，确定栽培密度，间隔拔出植株（如果拔出的植株继续栽植，需要用移植铲带土起苗），取苗部位填土镇压，防止土壤过松，致使植株根系土壤失水。

② 移栽　将生长空间过小，具有一定规格的幼苗移栽到苗钵或大苗床上，移栽前2~3d浇透水，带土护根移栽。

③ 定植　先耕翻好定植穴，提前1~2d对待栽种苗浇透水，带土或脱钵栽植，保持株行距及幼苗整齐度，栽后浇透水。

四、作业

1. 设计万寿菊、鸡冠花露地栽培畦面。
2. 分析间苗作用，调查间苗结果，调查定植成活率，分析死苗原因。

下篇：花卉产后

第五章 花卉的应用

【本章概要】 本章介绍了花卉在园林中的应用,重点介绍了花坛、花境、花丛等;盆花装饰的概念、类型、原则和方法;插花的概念、基本知识、基本理论和基本技能等。通过不同花卉应用类型的比较,让学生学会在不同的环境条件下采用对应的应用类型。

【课程育人】 花卉的应用需要大量的实践,学习该章内容有助于培养学生学以致用、积极践行的职业素养。

第一节 花卉在园林中的应用

花卉在园林中最常见的应用方式是通过其丰富的色彩和多样的形态,来布置不同的景观,主要形式有花坛、花境、花台、花池、花丛、立体绿化、水景园、地被和专类花园等,以美化和装饰室内环境、建筑物、广场、公园、市内道路、城市绿地等,帮助人们缓解疲劳、放松身心。

一、花坛

(一)概念

在有一定几何形状的植床内,种植各种花卉,运用花卉的群体效果来体现其图案美或色彩美的园林应用形式。花坛外形轮廓为规则的几何图形,如圆形、椭圆形、六棱形、花瓣形等；内部植物配置呈现规则的几何图形；植物密度较大，长势较好，呈现出良好的群体效应；植物花朵数量多、色彩丰富艳丽。

（二）作用

花坛是园林植物造景的最常见形式，我国古代的庭院中建有大量花坛。随着城市景观建设和生态文明建设的不断深入，花坛的类型和作用逐渐多样，除了景观装饰作用，还发挥着宣传、组织交通、生态保护等功能。

1. 美化观赏和渲染气氛

现代园林中，用于装饰和美化景观的花坛种类多样，群体花卉开放时艳丽的色彩团块呈现强烈的视觉效果和感染力。另外花坛常作为主景或配景，布置在庭园、广场、公园、建筑物前、街头和滨河绿地、道路两旁，既扩展了植物的表现力，也美化了环境，加上现代技术（如喷泉、灯光、音乐等）的融入，营造出较高的文化品位，给人以美的享受。

2. 标志和宣传

随着设计形式的不断创新和花卉整形修剪技术的不断提高，可将单位的标徽、寓意重大事件的图案等布置成花坛的形式，起到宣传作用。如学校、博物馆、专类公园、汽车站、火车站、机场、码头广场的花坛，通常展现着一个单位的形象，起到对外界宣传的作用。

3. 分割空间和组织交通

花坛的形状、大小、花卉栽植的密度及高度等的设置，可作为划分和装饰场地空间的手段，起到一种隐隐约约、似隔非隔、通而不透的生物屏障作用。设置在交叉路口、干道两侧的花坛，在美化环境的同时起到了充实空间、分隔空间的作用，还可以分流车辆或人流，强化分区，提高驾驶员的注意力，增加车行、人行的安全感。

4. 生态保护

花卉植物不仅可以吸收 CO_2，供给 O_2，还能吸收有毒物质如 NO、NO_2、Cl_2、F_2、S 和 Hg 等。部分花卉挥发的芳香物质，可灭杀葡萄球菌、结核杆菌和流感病毒等，利于减少呼吸系统的疾病。大面积的花坛还可以净化污染、防尘、调节小气候，具有较好的生态保护作用。

(三) 分类

随着设计理念的更新、造景材料的丰富和人们对园林应用形式的不断探索，花坛类型日渐多样，主要类型如下。

1. 按花坛表现方式分类

（1）盛花花坛

又称花丛花坛，是将种类、高度及色彩均不同的花卉栽植成花丛状，一般中间高，四周低，为全方位欣赏或后高前低供单面欣赏的园林应用形式。主要表现花开期间群体的色彩美。

（2）模纹花坛

以色彩鲜艳的各种矮生性、多花性的草花或观叶草本为主，在一个平面上栽种出多种图案，外形均是规则的几何图形的园林应用形式。分为毛毡花坛、彩结花坛和浮雕花坛。毛毡花坛是由多种观叶植物组成的装饰图案，植物被修剪得高度一致、表面平整，形似毛毡。彩结花坛主要模拟绸带编成的彩结式样，图案线条粗细相等，条纹间可用草坪为底色或用彩色石砂填铺的一种花坛。浮雕花坛主要按照花坛纹样变化，使组成的植物高低不同，整体有浮雕的效果。

（3）标题花坛

用观花或观叶植物组成有明确主题思想图案的一种园林应用形式。可分为文字花坛、肖像花坛、象征性图案花坛等。

（4）混合式花坛

由一种以上花坛和喷泉、岩石、音乐、水幕电影等景观结合，或两种以上不同类型花坛结合而成的综合性花坛景观。比如盛花花坛和喷泉结合、盛花花坛和模纹花坛结合等。

（5）装饰物花坛

以观花或观叶植物为主，配置成具有一定实用目的的花坛。比如按照时钟的造型做成的花坛。

（6）雕塑花坛

中央为雕塑，四周用观叶、观花植物造景的规整对称型花坛。雕塑花坛外形小巧精致、色彩华丽，深受人们喜爱。

(7) 主题花坛

具有一定的主题，以花卉结合多种园林要素如水体、山石、陶瓷、宫灯、建筑小品等组成的园林应用形式。如奥运主题花坛、国庆主题花坛、中国梦主题花坛等。这类花坛主题鲜明、体量较大、文化寓意深刻，适合于大型节假日、纪念日和大型活动期间布置展出。

2. 按花坛的布置形式分类

(1) 独立花坛

即单体花坛，具有一定几何形状，作为局部构图主体的花坛。常设在广场中央、公园入口、建筑物前方、道路交叉口等地，位于构图中心，主题作用明显，可以是盛花花坛、模纹花坛、标题式花坛或者装饰物花坛。

(2) 花坛群

由许多花坛组成一个不可分割的构图整体。多布置在面积较大的广场、公园、草坪或大型的交通环岛上。花坛底色统一，如铺装草坪，以突出其整体感。其中的单体花坛在设计构图中是整体的一部分，与花坛群格调一致。花坛群可以结合喷泉和雕塑布置，喷泉和雕塑可以成为构图中心或装饰。有的花坛群设在低凹处，称为沉床花坛，最有利于游客居高临下欣赏。

(3) 花坛组群

由数个花坛群组合成为一个不可分割的构图整体。常在其构图中心设置喷泉、雕像、水池、彩灯、立体花坛等。常布置在大型规则式园林中或大型建筑广场上。由许多花坛群和连续花坛群成行排列，组成一个沿直线方向演进的、有节奏的不可分割的整体。

3. 按花坛空间位置分类

(1) 平面花坛

指表面稍高于或略低于地面，并与地面平行，主要观赏平面装饰效果的花坛。花坛植株低矮，一般不高于1m，否则影响观赏效果。

(2) 斜面花坛

指设置在斜坡或阶地上，主要观赏斜面的装饰效果的花坛。适合展示文字、图案和肖像等。

(3) 立体花坛

指运用一年生或多年生小灌木或草本植物种植在二维或三维的立体构架

上，形成植物艺术造型的园林应用形式。立体花坛的制作需要较高的技术，集美术雕塑、建筑设计、园艺知识等多种技术于一体。先用竹木、钢材或混凝土等材料构建二维或三维骨架，用遮阳网或尼龙网等裱扎出基本轮廓，形成空腔以供填充专用栽培基质，在基本轮廓外部栽植植物，进行肥水管理和修剪整形，最终制作成立体花坛。

4. 按栽植方式分类

（1）地栽花坛

将花卉定植于有一定几何形状且不能移动的植床内，欣赏图案美和色彩美的园林应用形式。地栽花坛一般体量较小，植物低矮，常为一二年生植物。

（2）盆栽花坛

将小型盆栽花卉按照一定的几何图形组装在一起，用来欣赏图案美和色彩美的园林应用形式。盆栽花坛一般为立体花坛，体量较小，在纪念日、节假日和重大活动期间临时展出，展期结束后可移走。

（3）移动花坛

将花卉栽植于大型花盆内，可根据需要通过大型工具移动的花坛类型。一般种植灌木和小乔木，在重要场合或重要时间节点临时展出。

（四）花坛设计要点

1. 花坛的体量

花坛的体量不超过广场面积的 1/3，不小于 1/10，一般花坛的跨度小于 10m。带状花坛的宽度一般 2~4m，长度是其宽度的 3 倍以上。花坛高度不能遮挡园区入口视线，花坛位置不能妨碍行人的路线。

2. 花坛轮廓

花坛的轮廓多种多样，采用哪种几何形状取决于花坛的类型和周围的环境。公园、旅游景点等休闲娱乐场所宜采用活泼多变的轮廓，如花瓣形、星芒形、曲线形、动物造型等；学校、会议馆、政府办公等较严肃场所宜采用较端庄的轮廓，如圆形、椭圆形、方形、三角形等。

3. 花坛纹样

花坛纹样即花坛图案，纹样类型应与建筑、公园、道路等场所相协调，与周围环境相一致,忌在有限面积上设计繁琐的图案。纹样可精细可简洁,可设计成文字类、徽章类、生物造型、多边形类、水纹类等;也可设计成三角形、彩带形、方形、圆柱形等。

4. 边缘处理

花坛的边缘处理方法很多,为防止行人踩踏花坛,应在其周围设置边缘石、矮栏杆或绿篱。边缘石的高度一般为10～15cm,不宜超过30cm,宽度为10～15cm,若兼作座凳则可增至50cm,具体视花坛大小而定。花坛边缘的矮栏杆主要起保护作用,设计宜简单,高度不宜超过40cm,边缘石与矮栏杆应与周围道路与广场的铺装材料相协调。若为木本植物花坛时,矮栏杆可用绿篱代替,高度不宜超过40cm。

5. 色彩设计

色彩设计有四个特点:花坛色彩设计应与周围环境相协调;花坛色彩的明艳与平淡与花坛类型有关;一般花色不宜太多,以不超过5种为宜;花坛设计时应有一个主调色彩,忌等面积布置不同色彩。

在广场、公园、影剧院及一些庆典场所,色彩设计应以暖色系为主,暖色系主要指红、黄、橙三色以及这三色的邻近色,采用暖色系,往往给人朝气蓬勃的欢快感。在高速公路两边及街道的分车带中应搭配冷色系,主要为蓝、紫色,使行人和司机保持理性和注意力,减少交通事故。盛花花坛色彩要求鲜艳、明亮,突出群体的色彩美;模纹花坛色彩要求和图案纹样保持一致,用植物本色突显纹样,相邻纹式的植株色彩要区别明显。一般花坛的色彩搭配要求简洁大气,颜色种类不要超过5种,防止扰乱视觉,引起不适。花坛的主色调和周围环境保持一致,温暖、愉悦的环境主色调为红色或黄色;凉爽、安静的环境主色调则为绿色、蓝色或紫色。色彩搭配应主次分明,以某种色调为主题,其他色调辅助。

6. 花材选配

花材选配取决于花坛类型。盛花花坛以观花为主,要求植株低矮、种植紧凑、着花繁茂、艳丽,花期长,花期一致,可选醉蝶、孔雀草、香彩雀、矮牵牛和三色堇等。模纹花坛的花材要求耐修剪、生长缓慢、株型紧密、枝叶细小,如紫叶小檗、金叶女贞、龟甲冬青、雀舌黄杨、洒金柏和五色苋等。立体花坛主景的花材同模纹花坛相似,要求植株叶形细腻、耐修剪、适应性强、色彩丰富。一般使用红绿草类、景天类、低矮灌木与观赏草等。为方便养护，同种植物应布置在一起，喜干或喜湿、快长或慢长植物应相对集中，花坛上部宜选用喜干植物、下部宜选用喜阴湿植物；配景花材一般使用与周边环境形成良好过渡的草花、观赏草、彩叶地被和低矮灌木等，特殊造型或拟态造型可用芒草、细茎针茅、细叶苔草、金叶苔草等观赏草类制作。

（五）花坛的施工

1. 平面花坛的施工

（1）整理种植床

为了保障花坛的观赏效果和花卉的良好生长，应选择理化性质好、土壤肥力高的土壤，一二年生花卉耕翻20～30cm，多年生花卉、灌木耕翻30～40cm，按照设计要求将土壤整理成平面、曲面或坡面。

（2）放线砌边

平整土壤后，依照图纸按比例放线，在种植面上用生石灰、白河沙标出图案轮廓，复杂精细的图案可先用模具进行精准放样。放线后，按照花坛外形轮廓和设计边缘的材质，进行花坛砌边。

（3）植物种植和修剪

为了提高植物成活率，提前3～5d苗床浇透水，在阴天或傍晚移植种苗。按照图案纹样，以先上后下、先里后外、先中心后边缘的顺序栽植种苗。种植时植株株行距保持一致，相邻植株冠幅相连，防止密度过小或过大，影响花坛美观。栽植后浇透水，保持土壤湿润，植株成活后开始修剪。首次修剪要轻，将冠幅整平或整齐即可，第二次修剪宜重，以后每隔20d修剪一次，逐渐修剪成设计外观形状。

2. 立体花坛的施工

（1）搭建骨架

根据图纸进行施工。先用石膏做成模型，放大比例，用竹木、钢材或混凝土等材料构建二维或三维骨架，为了防止施工不便，骨架可做成拼合式，现场组装。

（2）裱扎与介质填充

骨架搭建完成后，再用遮阳网或尼龙网等裱扎出基本轮廓，形成空腔以供填充专用栽培基质,通常可用通用基质(草炭：蛭石：珍珠岩＝2：2：1)。基质喷水保持湿润,以便栽培植物。

(3) 植物栽植和整形修剪

花材一般选用生长缓慢的草本植物,五色草最佳。栽植时,基质不要盖住种苗生长点,防止影响植株生长。栽植后及时浇水,经常喷水保持基质湿润,7～10d后新根长出。首次修剪以轻剪为主,去除杂乱枝叶;以后的修剪逐渐加重,以塑形为主,兼顾植株长势。

二、花境

花境起源于欧洲,11世纪开始在英国流行,形式多样。代表类型为公元1100～1500年的英国别墅花园,形式多变、新奇、自然、便于管理,所栽植物能自然越冬;19世纪后期自然式的花园开始流行,英国著名画家和园艺学家Gertrude Jekyll,模拟自然界中林地边缘地带多种野生花卉交错生长的状态,运用艺术设计的手法,开始将宿根花卉按照色彩、高度及花期搭配在一起成群种植,开创了景观优美的被称为花境的一种全新的花卉种植形式;20世纪初至中后期,在草本花境蓬勃发展的同时,出现了混合花境和四季常绿的针叶树花境等特色鲜明的造景形式;20世纪后期呈现多元化发展趋势,比如出现了多种类型的主题花境。

(一) 概念

指模拟各种野花在林缘间交错的生长状态,艺术性地将多种花卉组群交错配置的园林应用形式。花境模拟植物在自然界的野生状态,没有固定的轮廓;采用一定的艺术手法,如色彩搭配、造景造型、花材丛植等,使花境的观赏价值更高;花材之间交错种植,没有明显的界线,凸显花材旺盛的生命力。

(二) 花境的主要特点

(1) 植物种类丰富

植物种类丰富为花境最突出的特点。采用的花材以宿根花卉为主,还包括花灌木、球根花卉、一二年生花卉等。大型花境选用的植物种类多达50余种,多样性植物组成的花境在一年中三季有花,四季有景,能呈现一个动态的季相变化。

(2) 立面高低错落，季相景观变化明显

花境中配置多种花卉，花型、花色、花序、叶形、叶色、株型、质地等主要观赏要素均不同，通过对这些要素组合科学配置，能起到丰富植物景观层次，创造高低错落立面景观的作用；另外植物种类越多，配置越合理，季相景观愈分明，植物群落愈五彩缤纷。

(3) 具有生态效益、降低噪声、分割空间和组织路线等多重作用

庭院和社区中的花境能增加空气湿度、减少风沙、改善微气候，生态效益明显；还可降低噪声、阻隔强光辐射等，给人们创造舒适的生活居住环境；设置在公园、风景区、街心绿地及林荫路旁的花境，可创造出较大的空间，起到丰富植物多样性、增加自然景观、分隔空间与组织游览路线的作用。

(4) 低维护易管理

花境中配置的花卉，大多直接栽培在土壤中，进行正常的肥水管理、病害防控，不需要修剪或稍作修剪，无需大型机械、过多人力劳动和较高技术，管理简单，维护成本极低。

(三) 分类

根据观赏角度、植物材料、所处位置以及外形轮廓等可将花境分成不同类型。

1. 按照观赏角度分

(1) 单面观赏花境

指供观赏者从一单面观赏，景观层次前低后高的花境。通常位于道路附近，以绿篱、树丛、矮墙、建筑物、坡面等为背景。

(2) 双面或多面观赏花境

指中间高两侧低，可两面或多面观赏的花境。多设计在广场、主干道和开阔地段的中间位置。如隔离带花境、岛式花境等。

(3) 对应式观赏花境

常以道路、广场、草地和建筑物的中心线为轴线，分布于两侧，呈左右两列对应式布局的两个花境。其边缘轮廓多为直线，左右两侧植物种类可以完全对称，也可略有差别。

2. 按照植物材料分

(1) 专类花境

同一属不同种类或同一种不同品种植物为主要种植材料的花境。专类花境要求花卉花型、花色、花期、株型等变化丰富，体现花境的特点，如郁金香花境、牡丹花境、鸢尾花境、百合花境、水仙花境、月季花境和菊花花境等。

(2) 混合花境

以宿根花卉为主，配置适量花灌木、球根花卉、一二年生花卉或艺术小品的花境。特点是季相分明，色彩丰富。常用的宿根花卉有蜀葵、瞿麦、桔梗、风铃草、大花滨菊、宿根亚麻、亮叶金光菊、宿根福禄考等；常用的花灌木有月季、杜鹃、丁香、鸡爪槭、凤尾兰、紫叶小檗、红叶石楠、红花檵木等；球根花卉有水仙、郁金香、风信子、唐菖蒲、大丽花、美人蕉、晚香玉等；一二年生花卉有矮牵牛、鸡冠花、一串红、三色堇、月见草、金鱼草、蛇鞭菊、波斯菊、虞美人、花菱草等。

(3) 宿根花卉花境

全部由宿根花卉作为种植材料的花境。特点是管理简单，可露地过冬。如芍药、耧斗菜、荷包牡丹等。

(4) 球根花卉花境

由不同花期的球根花卉作为种植材料的花境。特点是易于栽培，花期一致。

(5) 灌木花境

由观花、观叶、观果或观株型为主的中小灌木作为种植材料的花境。特点是观赏期长，可露地越冬。

3. 按照所处位置分

(1) 路缘花境

指设置在道路旁边，具有一定背景，多为单面观赏的花境。能起到引导游人和视线的作用。植物多以宿根花卉为主，配以小灌木和一二年生草本花卉等，群落复杂，色彩丰富，整体效果较壮观。

(2) 林缘花境

指位于树林的边缘，以乔木、灌木为背景，草坪为前景，边缘多为自然曲线的花境。该花境在立面上实现了由上层的乔、灌木向底层草坪的过渡，丰富了林下空间，植物配置更具层次感，更有自然野趣，使植物群落更具群体美和生态价值。

（3）庭院花境

指设置在私家庭院中的花境。特点是个性鲜明，灵活多变。庭院主人可依据庭院面积大小，结合铺装、园艺小品、个人爱好、经济能力进行建造。如扬州个园中的花境，环境优美、格调新颖、文化韵味浓厚，为私家庭院花境的典范。

（4）岩石花境

指模拟岩石山体自然状态，栽植岩生或高山植物的花境。主要应用于岩石园，以岩生花卉为主要材料，结合多种低矮灌木、多浆多肉植物的一种花境形式。

（5）隔离带花境

指设置在主干道或大型公园中间，有增加景观效果、隔离空间、引导交通路线作用的花境。植物多采用观赏草、彩叶植物和一二年生草本花卉等，颜色明亮、氛围活泼。这类花境边缘有修饰，观赏期长，管护简单。

4. 按照外形轮廓分

（1）带状花境

以绿篱、树丛、树群、矮墙或建筑物为背景的条带状自然式花境。属经典花境之一。特点是植物种类丰富、易于维护管理、季相变化明显。

（2）岛式花境

指设置在交通环岛或草坪中央的，中间高、周缘低的花境。起到增添景观，组织交通路线的作用。

（3）台式花境

指设置在由石头、木条、砖块、水泥等垒制的高床中的花境。起到拓展观赏空间，增加欣赏体量的作用。

此外，花境还有多种分类方法。比如按花色、观赏时间、光线条件、水分条件、经济用途等分类。总之，花境的范畴宽广，形式多样，只要具有观赏价值的植物都可以纳入花境范畴。随着人们对花境认识的深入，新的分类方式、应用模式会不断涌现。

（四）花境设计要点

1. 种植床设计

花境的种植床是带状的，两边是平行的曲线。长度不限，通常分为多段，每段不超过20m，宽度取决于花境类型，如单面观混合花境4～5m；单面观宿根花境2～3m；双面观花境4～6m；庭院花境1～1.5m。排水好的地面，花境宜用平床，床面后部稍高，前缘与道路或草坪平齐；排水差的地面，花境宜用30～40cm的高床，边缘可用边缘石、矮栏杆或绿篱镶嵌。边缘石粗犷，绿篱柔和，矮栏杆整洁，各有特点。

2. 背景设计

单面观赏花境需要背景。背景设置取决于场所，一般为绿篱、树丛、树篱和建筑物，绿色或白色为佳。若背景质地不理想，可选择乔木或攀援植物形成绿色屏障，再设置花境。

3. 边缘设计

花境边缘主要起保护和装饰作用。常采用石块、砖头、碎瓦、木条制作或栽植绿植等形式，也可安装矮栏杆，高度20～40cm为宜。边缘轮廓取决于花境，可采用波浪曲线、中国结、流云线等线条，增加花境的美感。

4. 植物选择

植物材料宜选择耐寒、耐旱、耐瘠薄、耐盐碱的多年生花卉，株形好、开花多、花色艳、花期长、质感美的种类为佳。选择的材料应有明显的季相变化，此外要注意花境和周围环境要协调。

常用的春季开花的种类有：报春、金钟花、风信子、郁金香、鸢尾、牡丹、荷包牡丹、虞美人、东方罂粟、石竹、石蒜、马蔺、大花马齿苋、大花萱草、宿根福禄考等。夏季开花的种类有：矮牵牛、三色堇、美人蕉、风铃草、羽扇豆、火炬花、耧斗菜、大花飞燕草、非洲菊、醉蝶兰、晚香玉、桔梗、蜀葵、萱草、满天星、一枝黄花、滨菊等。秋季开花的种类有：景天、石蒜、秋葵、菊花、雁来红、紫茉莉、金鸡菊、荷兰菊、硫华菊、大丽花、黑心菊、松果菊、鸡冠花、金鱼草、万寿菊、高山积雪等。冬季主要用彩叶植物，开花的种类偏少，如南天竹、五色梅、金叶女贞、羽衣甘蓝、红叶石楠、红花檵木等。

5. 色彩设计

花境色彩设计有单色、类似色、补色和多色设计等多种，无论采用哪种设计，色彩设计应与环境协调，与季相吻合。有主色调的花境，近似色的植物要集中在一起种植，如暖色系中的红、橙、黄的植株一起种植；冷色系中的蓝、紫色植株一起种植等。种植植物时，冷色系植物群栽植在花境后部，暖色系植株栽植在花境前面，在视觉上有加大花境深度和宽度的感觉。

6. 季相设计

花境最好四季有景，花境的季相是通过种植不同种类花卉实现的，利用花色、花期及各季节代表性植物来展现季相景观。花境中开花植物应持续不断，保持四季有景可观。在某一季节中，开花植物应散布在整个花境内，以保证较好的整体效果。

7. 平面和立面设计

花境要有较好的平面和立面观赏效果，应充分体现群落的美观。植株平面斑块混交、里面高低错落有致，花色层次分明。设计时应充分利用植株的花色、花序、花期、株型、株高及其他观赏特性，创造出丰富美观的平面和立面景观。

（1）平面设计

平面种植采用自然斑块混植方式，每块为一组花丛，花丛形状不一、大小不一，花色和株型也不一。为使主花材开花均匀，可把主花材分成数丛栽植于花境不同位置。使用少量球根花卉或一二年生草本花卉时，应注意该种植区花材的轮换，以保持较长的观赏期。

（2）立面设计

应充分利用花材的花序、株型、株高、质感变化安排空间，营造花境立面高低错落的效果。立面安排原则是前低后高，中间高周围低；主花材分成数丛，种植于各处；花后冠层叶景差的种植面积小，叶景美的种植面积大；空间空旷时，栽植一些速生草本花卉进行弥补。

（五）设计图绘制

花坛、花境设计图一般包括设计说明、环境分析图、平面图、立面图

（效果图）、花材列表。可用铅笔、中性笔或钢笔画墨线图，也可用水彩、水粉画方式绘制。

1. 设计说明

主要包括设计立意、花卉选择、季相设计、色彩设计等内容。让建造者明白花坛和花境的类型、作用及功能。

2. 环境分析图

用平面图表示。标出花坛、花境周围环境（如道路、草坪、广场、建筑物等）及所在位置。依环境大小，可选用（1∶100）～（1∶500）的比例绘制。

3. 平面图

绘出花境边缘线、背景和内部种植区域，以流畅曲线表示，避免出现死角，以求接近种植物后的自然状态。在种植区编号或直接注明植物名称，编号的需附植物花材列表，可选用（1∶50）～（1∶100）的比例绘制。

4. 立面图（效果图）

可绘制一季景观图，也可绘制各季景观图。选用（1∶100）～（1∶200）的比例，植物搭配符合由低到高或中间高周围低的规则，将花境分成前景、中景、背景，分别对常用宿根品种进行介绍。

5. 花材列表

至少包括植物名称、株高、花期、花色等信息，也可增加花型、花序、株型、质感等信息。

三、花丛

指将一定量的花卉成丛种植在一起，展现造型美和色彩美的园林应用形式。花丛接近于野生状态，没有人工修砌的种植床，布置简单，应用灵活，可密可疏，可繁可简。花卉选择不限高矮，不限花色，不限花期；但要求花朵繁密、株型丰满整齐，叶丛不能倒伏，茎秆挺拔直立。因此花丛是最能体现天然性和野趣的园林应用形式。

花丛常布置在开阔的草地或其周围，也可布置在树下、建筑物旁、溪水边、岩石中等，作为纽带和过渡将大、小景观连结起来，增强园林布局的整体性。常用的花材有石蒜、葱莲、马蔺、萱草、鸢尾、百合、芍药、郁金香、风信子、荷包牡丹、宿根福禄考或一二年生草本花卉等。

四、花池

指在人工修砌的种植槽内种植花卉，展现造型美和色彩美的园林应用形式。其轮廓自由随意，也可人为规定，内部花卉的种植以自然式为主。因此花池是纯自然式向规则式逐渐过渡的园林应用形式，有较高的自然性和野趣。对花材种类要求不高，在花坛、花境和花丛中栽植的植物均可在花池种植。

五、花台

花台，也称为高台花坛，指在人工修砌的高出地面的台座上种植花卉，展现造型美和色彩美的园林应用形式。最初为盆景式，用于栽植名贵的花木，非常注重植株的姿态和造型，常在花台中配置山石、小草等；花台轮廓和内部花材种植可以是自然式，也可以是规则式。和花丛、花池一样，花台是由自然式向规则式过渡的园林应用形式。多见于城市街头绿地、交通绿岛以及居住区建筑物的入口处绿地，如广场、庭院的中央，或布置在建筑物的侧面、正面等。因高出地面，装饰效果更加突出。

一般体量小而高，每个花台内通常只栽植1～2种草本花卉，以花色鲜艳取胜。因花台较高，常用株型较矮、株丛紧密或匍匐性的花材，如矮牵牛、美女樱、天门冬等；也可用球根花卉和宿根花卉来布置，如风信子、郁金香、萱草等。

六、立体绿化

指充分利用不同的立地条件，主要选择藤本植物攀援、依附或者铺贴于各种构筑物及其他空间结构上的园林应用形式。空间结构主要有建筑墙面、阳台、门庭、屋顶、廊、柱、栅栏、花架、棚架、大树、立交桥、假山、坡面、河道堤岸等；立体绿化类型主要为垂直绿化、护坡绿化、树围绿化、屋顶绿化、高架绿化等。随着城市的快速发展，空气质量差、城市噪声大、绿化面积不达标等问题突出，发展城市立体绿化将是绿化行业的主要趋势之一。

发展立体绿化，有助于增加城市空间结构层次，改善立体景观艺术效果，增加绿化面积，减少热岛效应，降低噪声和有害气体浓度，还可保温隔热，节约能源资源，滞留雨水，提高城市生态效益。

七、水景园

指用水生花卉对园林中的水面进行绿化和美化装饰的纯自然式的园林应用形式。水景园的水面主要为池塘、湖泊、河流、沼泽地和低湿地等，常用植物主要为挺水植物、浮叶植物、漂浮植物和湿生植物。常用的挺水植物主要为荷花、芦苇、香蒲、蒲苇、芦竹、水葱、水烛、泽泻、慈姑等；常用的浮叶植物主要为睡莲、王莲、荇菜、芡实、菱角、萍蓬草、泉生眼子菜、竹叶眼子菜等；常用的漂浮植物主要为浮萍、大薸、凤眼莲等；常用的湿生植物主要有蒲草、再力花、千屈菜、美人蕉、梭鱼草、水生鸢尾等。水生花卉可改善水面单调空间，净化水质，抑制有害藻类生长。水景园还可栽培水生蔬菜和花卉，创造经济效益。

水景园的花材宜简不宜繁，2～3种即可。简能生雅，可展现水面的空灵，呈现水中的倒影，让波光、植物、轻风、水声交相呼应，形成集花、色、水、声、光于一体的优美景观。

八、地被

指采用低矮紧密的植物材料覆盖地面，展现造型美和色彩美的园林应用形式。地被可增加园林植物层次，丰富园林色彩，提高园林景观品质；也能调控温度和湿度，净化空气，降低噪声，改善环境微生态；还可阻碍沙尘，保持水土，护坡固堤。

常用花材生长势强，植株低矮，分蘖能力强，侧枝多，根系发达，耐修剪。主要为生长低矮的草本花卉，也包括禾本科、莎草科为主的草坪草。如蛇莓、麦冬、角堇、萱草、玉簪、半支莲、委陵菜、白三叶、美女樱、藿香蓟、二月兰、马蹄金、毛地黄、扶芳藤、沙地柏、山葡萄、紫花地丁、平枝栒子、紫花苜蓿、红花酢浆草、阿拉伯婆婆纳、吉祥草、沿阶草等。地被一般不允许人们踩踏，可通过嵌草铺装的方式供人们行走。

九、专类花园

指有统一主题，栽植种类相近、栽培技术相似的植物，展现较一致的欣赏要素和文化内涵，兼顾生产、科研、科普、教育等功能的园林应用形式。专类花园有种植同一种植物的，如牡丹园、芍药园、樱花园、郁金香园、丁香园等；有种植同科或同类植物的，如蔷薇园、葫芦园、多浆植物园、沙漠植物园等。最大特色是能充分展示同一类植物的最佳观赏期和观赏特性；可以进行植物学、园艺学和园林学方面的科普教育；也可以从事植物品种资源的收集、保存、比较和杂交育种等研究工作。

专类花园的类型较多，主要有展示亲缘关系的专类花园（种植同科、同属植物）、突出生境特色的专类花园（种植盐生植物、湿生植物、阴生植物等）、凸显观赏主题的专类花园（种植芳香植物、同色植物等）、具备特殊价值的专类花园（种植药用植物、经济植物等）和体现季节特色的专类花园（种植彩色植物、绿色植物、黄色植物、银色植物等）等。

第二节 盆花装饰

花卉装饰是用盆花、切花及其艺术造型，对室内外环境进行的美化布置。花卉装饰对象包括室内、室外和公共环境，也包括人体服饰。花卉装饰可用于社交、礼仪和馈赠等，利于倡导文艺新风，提高国民素养。花卉装饰种类很多，主要包括盆花、瓶花、篮花、挂花、敷花、浮花、竹筒花和缸花等，其中盆花装饰用处最广，场面较大，装饰效果较好。

一、盆花装饰的概念和特点

（一）概念

指利用观花、观果、观叶、观茎、观根、观芽等的盆栽花卉，对室内外环境进行的美化布置。盆花装饰可美化环境，净化空气，消除疲劳，愉悦精神，增进身心健康等，益处较多。

（二）特点

盆花种类多样，便于移动，应用广泛；可单株摆放，也可群体摆放；因其种植在土壤中，水肥管理简单，可长期观赏；冬季可以移入室内，防止产生冷害和冻害；可根据具体情况（季节、节日、喜事等）摆放相应的盆栽。

二、盆花的类型

（一）根据观赏部位分

根据观赏部位和器官，将盆花分为观果类、观花类、观叶类、多肉植物类和盆景类等。

1. 观果类

指以颜色鲜艳、外形奇特的果实作为主要观赏部位的盆栽，如金橘、佛手、火棘、五指茄、五彩椒和冬珊瑚等。观果类盆栽种类较多样，色彩丰富，挂果期长，装饰效果好。

2. 观花类

指以花色好、花形佳的花朵或花序作为主要观赏部位的盆栽，种类很多，如草本、藤本和木本。观花类盆栽常摆放在室外或室内光线较好的位置，多喜阳光。

3. 观叶类

指以叶色好、叶形佳的叶片作为主要观赏部位的盆栽。如竹芋、玉簪、豆瓣绿、香菇草、一品红、发财树、橡皮树、红叶甜菜等。观叶类性喜阴凉，常摆放在室内或室外阴凉通风处。

4. 多肉植物类

以多肉植物或仙人掌类植物为主要观赏对象的盆栽。此类花卉多喜强光，耐干旱，管理方便，观赏期长，有独特的应用价值。

5. 盆景类

指以盆景艺术造型为观赏对象的园林应用形式。此类花卉多为喜光灌木、小乔木，长期在室内摆放易引起黄叶、落叶、植株长势弱等现象。如杜鹃、海棠、黄杨、榕树、松柏类等。

（二）根据植物造型分

1. 直立式

该类盆栽主干直立挺拔，少有分枝，不弯不曲，层次分明。盆景树身虽小，气势较强，观之可振奋人之精神。制作该类盆景时宜用苍老枝干，悬根露爪，适当配些山石，增加情趣。宜选用椭圆盆，定植时偏向一侧，另一侧堆叠些山石，显得均衡自然。宜选用松树、柏树、枫树、榕树、朴树、榆树和九里香等。

2. 倾斜式

该类盆景主干向一侧倾斜，角度多为45°，枝条平展，具有动势，不失去平衡。制作盆景时宜用紫砂浅盆，多单株栽培，也可二三株合栽，株型老态龙钟，虬枝横斜，飘逸潇洒，颇有画意。宜选用黄杨、椰榆、罗汉松、五针松和老鸦柿等。

3. 垂吊式

该类盆栽植株茎叶细软，或茎蔓生，置于室内高处或嵌在人工建造设施的外面，枝叶自然下垂，随风飘扬，有舞者之美。如吊兰、绿萝、椒草、矮牵牛和常春藤等。

4. 攀援式

该类盆栽植株的茎多为攀援性和蔓生，通过支架或牵引物，攀爬到高处。室内室外放置均可，可攀援在护栏、墙壁和建筑物上，立体绿化效果较好。如绿萝、常春藤、鸭跖草、蛇瓜、丝瓜和观赏南瓜等。

此外，还有立柱式、图腾式、丛植式等多种盆栽方式，为盆花装饰提供了多种造型，满足多种装饰类型的需要。

三、盆花装饰的原则

盆花装饰的主要功能是美化室内外环境。根据空间位置、大小及周围环境，采用质优价廉的盆花，进行科学摆放，充分展现盆花的个体美和群体美，达到良好的装饰效果。盆花装饰时，遵循的基本原则如下：

（一）整体布局要协调

盆花装饰要和周围的环境协调统一。如中式建筑和陈设的环境，需要配置梅、兰、竹、菊、牡丹、荷花等盆栽；欧式建筑和陈设的环境，需要配置月季、郁金香、非洲菊、矮牵牛、朱顶红等盆栽；现代建筑和陈设的环境，需要配置绿萝、椰枣、朱蕉、棕榈、蔓绿绒等盆栽。

（二）装饰效果要一致

隆重、严肃的会场布置宜选用体量大、色彩简单、形态端庄、轮廓整齐的规则式盆栽；庆祝性会场宜选用体量小巧、色彩热烈、花材丰富、形式活泼的盆栽；纪念性会场宜选用色彩素雅，以白色、黄色和绿色为主的传统花材盆栽；居室庭院宜用少量、色彩素雅的线性花材盆栽，创造舒适、轻松、恬淡的氛围。

（三）盆栽与空间比例要适宜

盆花的内装饰对盆栽与空间的比例要求极为严格。大空间装饰小盆栽显得空旷；小空间装饰大盆栽显得臃肿；花卉植株和花盆、花架的比例也要适宜。盆栽的体量一般为空间的 1/10 到 1/3，适当的比例关系，使人感觉舒畅，提升盆花装饰美感。

四、盆花装饰的方法

（一）自然式

这类盆栽要求不对称、不整齐。依照周围地形和环境，摆放相应的盆栽。可反映自然群落之美，让人如置身乡间野外，可体验自然情趣之美。该类装饰占地面积大，适宜大型公共场所。

（二）规则式

按照规则的几何图形和图案，布置盆栽的一种园林应用形式。利用体量接近、体型相同、高矮一致的盆栽，按照设计的规则式轮廓，将空间精准分隔，形成简洁整齐、端庄大气的艺术效果。

（三）镶嵌式

将具有装饰效果的篮、盆、瓶、筐、斗、桶等固定在墙柱、顶棚、灯杆、建筑物等设施上，栽入花色艳丽、花型优美的花材，展现造型美的园林应用形式。该方式不占用地面空间，增添了空中景观，有一种别致之美。但会因镶嵌不牢固，存在一定的安全隐患，这类装饰方式，尽量避开人们经常活动的空间。

（四）悬垂式

将各种具有装饰效果的吊篮、吊盆悬挂在墙壁、廊桥、立柱等设施上，栽入悬垂或蔓性花材，展现造型美的园林应用形式。同镶嵌式相似，这类装饰别致、新颖，但也存在安全隐患。

（五）组合式

将上述几种盆花装饰类型通过灵活科学的设计、布局，栽入观赏价值高的花材，展现造型美的园林应用形式。花材栽植时，遵循高低错落、互不遮挡、红黄花在前蓝紫花在后的原则，随意构图，达到层次分明、形式优美的装饰效果。

第三节 插　花

插花的起源主要有两种说法：一是源自中国佛教供花，距今约 1500 年；二是源自古埃及插花。插花不是简单的造型和花材组合，而是将花材按照制作者的立意和主题造型，插摆成外形美观、花色丰富、有一定韵律感和图案美的艺术品。常用来装饰卧室、客厅、会议室等，既可陶冶情操、舒缓心情，又能美化周围环境，还可提高自身的文化修养。

一、插花的概念和特点

（一）概念

指以切花花材为主要素材,通过艺术构思、适当的剪裁造型及插摆来表现其自然美和艺术美的一门艺术。其中花材不仅包括花朵,还包括果、叶、枝、根、芽等材料。

（二）特点

1. 富有生命活力

插花以鲜活的材料为素材,其浓绿的叶片、绚丽的花朵、遒劲有力的枝干等,无不体现强大的生命力。同时多样化的花材,富含清新和芳香气息,甚至带有露水和泥土痕迹,更展现了插花作品的自然之美!

2. 随意性强

插花作品在花材和容器选用方面自由而又随意。可就地取材,随处插摆;可随环境和场地设定插花类型;可随插花者自身的艺术感悟,任意插摆。因此插花作品在立意、选材和制作上具有很强的随意性和灵活性。

3. 装饰性强

插花作品构思新颖而巧奇,集众花之美于一身,兼具自然美和艺术美,与周围环境匹配和谐,感染力强,装饰性好,常具有画龙点睛之效果。

4. 时间性强

切花花材没有根系,吸水能力弱,水养时间短。一般短命枝条能存活 1~2d,长命枝条可达 10~15d。因此插花作品观赏和创作时间均有限,创作者应在花材最美的时期制作插花作品展示给观众欣赏。

二、插花类型

插花类型多样,可按照艺术风格、艺术表现手法、插花作品的花型、插花器皿、装饰位置和用途等分类。

（一）按照艺术风格分

1. 东方插花

以中国和日本插花为代表。特点是以线条造型为主，注重自然典雅，构图多为不对称、不规则造型，色彩淡雅，用花量少，多以木本花卉为主，追求意境，特别注重花材和容器的搭配、花材质感的协调、作品与周围环境的和谐。

2. 西方插花

以美国、法国和荷兰插花为代表。特点是用花量大，造型呈几何图形，花材色彩艳丽浓重，具有极强的装饰效果。

3. 现代插花

融合了东方和西方插花的特点，线条优美，颜色艳丽，图形规整。同时渗入了现代人的意识，追求插花作品的新、奇、特。有一定意境，装饰性也较好。

（二）按照艺术表现手法分

1. 写实插花

以现实中具体的植物形态、自然景观和动物特征为原型，进行艺术再现的一种插花形式。主要为自然式、写景式和象形式三类。自然式主要表现花材等的自然形态；写景式主要将自然景观浓缩于花盆中的艺术形式；象形式主要模仿动物和山石等其他物体的形态，进行插花的创作。

2. 写意插花

为东方插花特有的手法。利用花材寓意、质感、形态或谐音来表达某种意念、情趣或哲理的方法，进行插花的创作。东方式插花常采用写实和写意相结合的方法，使作品达到形神兼备、富有意境之效果。

3. 抽象插花

与花材的寓意、质感、形态和谐音等无关，只将花材作为点、线、面和色彩造型的要素，进行插花的创作。分为理性抽象和感性抽象。理性抽象指以抽象的数学规律和几何图形进行构图设计，具有图案美的插花创作；感性抽象指任由作者灵感发挥创作，变异性大，随意性强，有独特艺术特点的插花创作。

(三) 按照插花作品的花型分

1. 基本花型

(1) 东方式插花

东方式插花艺术崇尚自然，惯用不对称式构图形式，认为具有自然之趣的不对称构图，才是真正"整齐"的构图。以"参差不伦，意态天然"为理想境界。正如袁宏道写的一首诗："一枝两枝正，三枝四枝斜；宜直不宜曲，斗清不斗奢。"追求清雅绝俗、朴素自然乃为东方式插花的精髓。东方式插花的主体骨架常由三个主枝构成，第一主枝的长度为花器高度与最大直径之和的1.5~2倍，三个主枝长度之比为8:5:3或7:5:3。丛枝多为陪衬和烘托各主枝的枝条，短于主枝，位于主枝周围，数量和花型及大小有关。根据三主枝位置的不同可将基本花型分为：直立型、倾斜型、平展型和下垂型等。

① 直立型　第一主枝在中心线左右0°~15°位置插入花泥或容器，第二主枝和第三主枝呈一定角度斜插于第一主枝两侧。这种构图形式既可表现亭亭玉立、端庄秀雅的姿态；亦可展现刚劲有力、挺拔向上的气势。随着二、三主枝间夹角进一步缩小，侧向上伸展的趋势更为强烈。常表现努力向上、积极进取、勇于拼搏的主题。一般选用线形花材，如竹、剑兰、鹤望兰、唐菖蒲、银牙柳等（图5-1）。

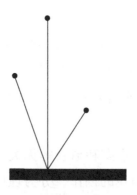

图5-1　直立型插花

② 倾斜型　第一主枝倾斜（在中心线一侧 0°～45°位置）插入花泥或花器，第二主枝约直立插于花泥或容器，第三主枝插入其另一侧，和水平面呈 0°～30°。这种构图富有动感，如弯曲的枝条，突显负重向前、不屈不挠的顽强精神；又有花材"疏影横斜"的韵味。姿态清秀雅致，耐人寻味，富有韧性。主枝多选用造型优美的木本枝条，如梅、榆、连翘、松柏和碧桃等（图 5-2）。

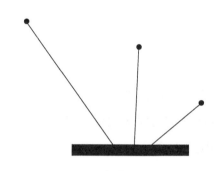

图 5-2　倾斜型插花

③ 平展型　第一主枝和水平面呈 0°～30°的角度插于花泥或容器中，第二、三主枝和水平面呈 0°～30°插入其另一侧。展现横向或斜向的造型，给人平静舒适、惬意放松和舒展流动的感觉。主枝多选用较柔软的木本花材，如沙棘、迎春、蔷薇、丁香和金钟花等（图 5-3）。

图 5-3　平展型插花

④ 下垂型　第一主枝向下悬垂，第二、三主枝向上斜插，和第一主枝方向相反。主要表现第一主枝的飘逸流畅的线条美，如瀑布倾泻、花枝垂悬。第一主枝多选用柔软的木质和草质藤本花材，如常春藤、铁线莲、文心兰、石斛兰、蝴蝶兰、天门冬、山葡萄、凌霄和紫荆等（图 5-4）。

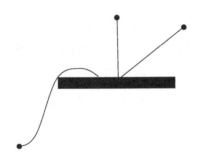

图 5-4　下垂型插花

（2）西方式插花

西方式插花按观赏方向可分单面观赏型和四面观赏型。单面观赏型是只能从正面观赏，多靠墙摆设，构图如三角形、L形、S形、倒T形、扇形和弯月形等；四面观赏型则可从四面多角度观赏，多摆在餐桌或会议桌上，构图有半球形、水平形和圆锥形等。

2. 创意式插花

指继承了传统插花的色彩、质感和造型等表现出的个性美与意境美，又融入了个性化的创新，具有新时代特点的插花类型。

（四）按照插花器皿分

根据插花器皿的类型，分为瓶花、盘花（盛花）、篮花、挂花、敷花、浮花、竹筒花和缸花。其中，敷花为铺在帘、垫、笔筒等上面的花；浮花为漂浮在水面的花。

（五）按照装饰位置和用途分

按照摆放的位置，可将插花分为摆设花和服饰花。其中摆设花分为厅堂花、书房花和茶几花等；服饰花分为头花、胸花、肩花和手捧花等。另外按照用途可将插花分为商业用花、生活用花和节庆用花。

三、插花的基本用品

插花的基本用品为花材和器具。花材和器具的种类很多，简要介绍如下：

（一）花材

(1) 按花材的形态特征分

① 线形花材　指外形呈细长的条状、线形或带状，主要用于构成花型轮廓和主体骨架的花材。如垂柳、碧桃、连翘、迎春、唐菖蒲、金鱼草、蛇鞭菊、尾穗苋、银芽柳、大花飞燕草等。线形花材姿态优美，线形流畅，有构建骨架、空间延伸、创造动势等作用，可营造律动感和氛围感，受到插花作品制作者的青睐。

② 团块形花材　外形呈较整齐的团形、块形或近似圆形，主要用作焦点花和主体花的花材。如月季、百合、牡丹、菊花、非洲菊、大丽花、康乃馨、洋桔梗、观赏向日葵等。团块形花材花朵较大，颜色艳丽，是插花作品的主体，创造花团锦簇的景观。

③ 异形花材　指外形不整齐，花型奇特别致，主要用作焦点花的花材。如红掌、鹤望兰、马蹄莲、蝎尾蕉等。异形花材新颖别致，较吸引人的目光，给人独特感受。

④ 散点形花材　指外形由整个花序的小花朵构成，呈星点蓬松状的花材。如小菊、蕾丝、满天星、情人草、勿忘我、一枝黄花等。散点形花材常花形细小，一茎多花，适宜插在大花之间，增加层次感和丰满度。

(2) 按构图中的作用分

① 骨架花材　指在插花构图中定高度和外形骨架轮廓的花材。主要为线性花材和团块形花材。

② 主体花材　在插花中构成整个造型轮廓的花材。主要为团块形花材。

③ 焦点花材　指位于插花作品视觉中心或兴趣中心部位的花材。主要为团块形花材和异形花材。

④ 填充花材　指填补插花作品造型空间部位，起修饰作用的花材。主要为散点形花材。

(3) 其他分类

此外还可按植物的器官分为切枝、切叶、切花和切果等；也可按花材性质分为鲜花花材、干花花材和人造花花材等。

（二）器具

指固定花材用具，主要为花器、花泥、剑山和铁丝网等。花器为最重要的插花器皿，其作用、类型和选择原则如下：

1. 花器的作用

花器是插花作品构图的重要部分，具有较高的观赏价值；花器可以盛放花材和水，保持花材新鲜度，延长花材寿命。中国传统插花对花器的选用极为讲究，插花比赛中，花器占有一定的比分。

2. 花器的类型

（1）按质地分

① 玻璃花器　玻璃花器有较好的透明感和光泽，混有金属酸化物的玻璃表面色彩丰富，常绘有精美的图案，这类花器能够很好地映衬出花的美丽。

② 塑料花器　塑料花器有玻璃花器的透明感，造型多样，色彩丰富，质轻价廉，深受现代插花行业的青睐，市场前景较好。

③ 陶瓷花器　一般为高岭土烧制，上釉加工后成为插花器皿。具有明显的民族风情和文化特色，中式、日式和西式各有特点，为较名贵的插花器皿。

④ 藤、竹、草编花器　形式多种多样，多采用自然界常见的植物素材，有明显的田园野趣。较适合纯真自然无造作的插花造型。

⑤ 金属花器　由铜、铁、铝、锡等金属材质制成。体现出庄重肃穆、敦厚豪华的特征，可反映不同历史时代的艺术发展特点，在东、西方插花艺术中，是必不可少的器具。

⑥ 素烧陶器　由黏土直接烧制而成，体现自然质朴、简洁厚重的特征，魅力独特。插花时可使作品显得朴素典雅、浑然天成。

（2）按类型、形状等分

原始的器皿是由盛水的容器和食具等器皿演变过来的，如常见的花瓶、花盆、花篮、花碗、花盘、钵、缸、鼎、樽、觚、壶等。按形状分为圆筒形花器、胖肚形花器、异形花器等。按高矮可分为高瓶类花器和浅盘类花器等。

3. 花器的选配

花器要和花材及周围环境搭配，与是否名贵无关，有时土盆瓦钵也能创造出成功的艺术品。插花时应把花器作为作品的重要组成部分考虑，大空间需要大的插花作品，适宜选配有一定重量和体形的花器；室内宜用小型花器；花器的色彩和质感要与花材相匹配。当花材颜色浅时，花器宜色深，反之花材颜色深时，花器颜色宜浅，深浅相映才能衬托花材之美艳。插花时一般选用外形简洁、颜色中性的花器，利于搭配花材。

初学者尽量避免使用透明玻璃和塑料器皿，透明器皿很难掩饰花茎基部；也不要使用雕花玻璃和塑料器皿，使人感觉花枝增多，杂乱无章。高瓶插花难度较大，需要考虑花材固定、作品平衡等要素，应先从浅盘开始练习。

四、插花的基本技能

一件优秀的插花作品，需要有好的构思和熟练的基本技能。插花技能主要为花材修剪、花材整形和花材固定。

（一）花材修剪

花材修剪是插花最重要的环节，贯穿插花的整个过程。如何修剪花材是初学者面临的难题。清代沈复在著作《浮生六记》中写道："剪裁之法，必先执在手中，横斜以观其势，反侧以观其态；相定之后，减去杂枝，以疏瘦古怪为佳。再思其梗如何入瓶，或折或曲，插入瓶口，方免背叶侧花之患。若一枝到手，先拘其梗之直者插瓶中，势必枝乱梗强，花侧叶背，既难取态，更无韵致矣。"

花材的修剪，应剪其乱、留其简，展现其自然之美，具体方法为：留下表现力强的枝条，去除其他杂枝；同方向的枝条只留一枝；去掉重叠枝和交叉枝；花材长度要与环境与花器协调一致；去除阻碍造型构图的枝条；草花在节下剪，木本枝条要斜剪，便于插入花泥或花器；去除皮刺和残枝等。

（二）花材整形

自然花材的形态有时不符合人们审美的标准，为了表现花材的曲线美，需要人工用精细的弯曲技巧进行美化加工。

1. 枝条的弯曲

粗枝条弯曲时，费力且易折断。应在枝条一侧先锯1~2个缺口，深度为枝条的1/3到1/2，嵌入木楔子，强制其弯曲；较硬枝条弯曲时，两手持花枝，手臂贴身体，大拇指压着要弯的部位，缓慢用力向下弯曲呈所需造型；较软枝条弯曲时，两个拇指对放在需要弯曲处，慢慢向下掰动枝条；草本花枝弯曲时，用右手持软枝的适当部位，左手旋扭或弯曲即可。

2. 叶片的整形

单叶面积过大时，可用剪刀修剪成各种形状，增加构图的多样性。弯曲叶片时，可将其夹在指缝中轻轻弯曲抽动，重复多次即会变弯；或者将叶片卷紧成圆形后再放开，即会变弯；较硬的叶材可用大头针、订书钉、胶纸、铁丝固定弯曲；对叶柄较软的大叶片，如绿萝叶、巴西木叶等，可通过穿、绕、贴铁丝的方法固定形状。总之，弯曲没有固定方法，只要有美感，满足造型的需要即可。

（三）花材固定

花材修剪、整形后，需要按照构思布局将其固定，形成艺术造型。这需要一定的固定技术。

1. 剑山固定法

插花器皿为盘、钵等较浅的容器时，适宜用剑山固定。草本花材茎秆较软，可直接插在剑山的针上固定；本本枝条较硬，可插在针与针之间的缝隙中固定；茎中空的花材，可先将木枝插入茎中，再插在针上或针与针之间的缝隙中固定。粗大的树干无法使用剑山，可将树干切口固定在木板上，然后放入插花器皿中，用砖石压牢木板即可。

2. 花泥固定法

先将花泥按照花器口的大小切成块状，浸入水中，让其自然下沉，排净内部空气，待其吸足水后置于花器上即可使用。花泥一般高出花器口3~4cm。将枝条切口剪成斜面，按照构思布局插入花泥即可。插入较粗的枝条时，应用铁丝罩在花泥周围，增强其支撑力。

3. 瓶插固定法

瓶插一般指高瓶插花。高瓶插花不能使用剑山和花泥，也不能将花枝插入水中，防止花枝腐烂。因此瓶插需要一定的固定技术才能将花枝置于适当的位置，展现构图造型之美。

（1）瓶口分隔法

一般选用富有弹性的枝条制作一字形、十字形、井字形和米字形等的支架，压入瓶口1～3cm处，分隔瓶口，然后按构图需要插入花材，注意花材的平衡，找好中心，即可达到固定目的，该方法适用于高身细口类花瓶。

（2）分割瓶内空间支撑法

将14～18号铁丝按花瓶的形状和大小缠绕成不规则蓬松团块，置入瓶内，利用铁丝网的孔隙分隔瓶内空间，插入花材时，花枝末端插在铁丝的孔隙间，达到固定目的。也可用硬质枝杈代替铁丝蓬松团块固定花材，该方法适用于高身敞口类花器。

（3）弯枝法

将无自然弯曲、花枝柔软的花材人工弯曲后（不要折断花材），利用弯曲部位还原产生的反弹力，多点撑压花瓶内壁，达到固定花材的作用。

（4）斜靠法

将花材基部按构图造型所需的方向和斜度削成斜切口，插入瓶中，使其切口紧靠花瓶壁，靠瓶内粗糙瓶壁产生的摩擦力来固定花材。

五、插花的基本理论

插花与其他艺术如绘画、书法、摄影、雕塑和建筑等一样，都是通过构图和布局展现造型美的艺术类型。造型的理论相通，方法相似，可相互借鉴。制作一件好的插花作品，需要花材和花器搭配合理，需要一定的插花技能，还需要掌握一定的插花理论。

（一）插花造型的基本要素

插花造型由花材的质感、形态和色彩三个要素组成，其他造型也类似。

1. 质感

质感是花材的表面特征，如细腻、光滑、粗糙和温润等。因生长环境不同，有的花材鲜艳柔嫩，有的花材粗犷坚硬。插花时，质感差别太大的材料，配合在一起显得不协调，失去美感，如梅花枝条搭配菊花比搭配康乃馨协调，沙漠植物搭配水生植物则不协调。质感相差大的花材需要借助中间质感的花材来协调。如百合搭配梅枝时，百合娇嫩，梅枝粗犷，极不协调。可缠绕质感处于二者之间的细长叶片，弱化质感差异过大产生的不适感，产生自然流畅的感觉。质感相近花材的搭配符合自然式插花的法则，作品显得和谐、自然、流畅，与人有一种天然的亲近感。

2. 形态

形态不仅是构图的表现形式，也是作品内涵的媒介，作品的意境可通过花材和花器组成的形象和姿态来表达，形象与意境融为一体可产生强烈的艺术效果。

"形"是花材的基本外部形象，"态"是姿态。花材按照形态可分为点状花材、面状花材和线状花材。插花造型的基本形态由点、线、面组成，小花朵为主的花材为点状花材，如小菊、蕾丝、满天星、勿忘我、情人草、一枝黄花等；叶片较宽的花材为面状花材，如绿萝、龟背竹、蔓绿绒、天堂鸟、滴水观音等的叶片；花序、叶片、枝条细长的花材为线状花材，如龙柳、唐菖蒲、蛇鞭菊、尾穗苋、蜡梅等。

点状花材在插花造型中主要起调和花材差异、填充空白和遮挡花泥的作用，多点聚合可连结成线、面和团块，起到锦上添花的作用。面状花材形状多样，有的平展圆滑、有的褶皱密集、有的叶中镂空、有的叶裂颇深，可通过弯曲手法，或卷曲折叠，或撕裂粘贴，或编织扭曲等，产生平中出奇、意想不到的效果。线状花材可连接点状花材和面状花材，使花型挺拔、伸展、扩散或飘逸，拓宽插花造型欣赏的广度和深度，产生多种造型和优美姿态。许多花材既可以作点，也可作线或面。如苏铁、散尾葵、天堂鸟等花材，正面摆放为面，侧面摆放成线；在大型插花作品中，亦可作为点。

3. 色彩

色彩是构成插花作品的重要因素，东方插花要求花色素雅，西方插花要求花色浓艳。花材本身色彩多样，搭配合理才能和谐悦目。

（1）色彩的构成

① 按照彩度将色彩分为"无彩色"和"有彩色"。无彩色分为黑色、白色和灰色；有彩色分为红色、橙色、黄色、绿色、青色、蓝色和紫色。

② 按照组成将色彩分为原色、间色和复色。不能由其他颜色混合生成的颜色称为原色，即红、黄、蓝三原色；由两种原色混合产生的颜色称为间色，即绿、紫、橙三色；由间色与间色混合产生的颜色称为复色，如深红、粉红、橙黄、浅蓝、深蓝、浅紫、深紫等（图5-5）。

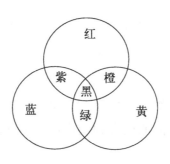

图 5-5　三原色简图

③ 按照颜色在色环上的角度分为同色系、近似色、对比色和三等距色（图5-6）。同色系并不特指同一个颜色，而是指同一个色系中两个或多个不同颜色。如粉红＋玫红、艳红＋桃红、玫红＋草莓红等，这种搭配就能够体现一种渐变的层次感，使造型花色漂亮又有韵律；近似色指色环中互相临近的颜色，如红色＋橙色＋黄色、红色＋紫红＋紫色等，选一种为主色系，另

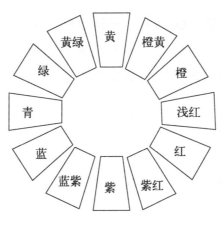

图 5-6　色环简图

外的为陪衬色系，数量上不等，以主色系为中心，按色相逐渐过渡产生渐次感，使色系搭配和谐自然，浑然一体；对比色指色环上相差180°的颜色，如红色-绿色、橙色-蓝色、黄色-紫色等。因色彩相差悬殊，易使插花作品产生对比强烈和鲜明的感觉；三等距色指在色环上任意放置一个等边三角形，三个顶点所对应的颜色组合，如红色＋黄色＋蓝色、橙色＋绿色＋紫色等。这些色系的花材制作的作品颜色鲜艳、气氛热烈、氛围喜庆，适用于节日喜庆场合。

（2）色彩的冷暖感

色彩本身无温度高低，人们通过联想可将视觉感受转换成温度感受。红、橙、黄易使人联想到火光和太阳，产生明朗、温暖、热烈和快乐的效果，称为暖色系；绿、蓝、紫易使人联想到植物、大海、天空等，产生安静、辽阔、神秘和清新的效果，称为冷色系。暖色系花材明度高，冷色系花材明度低，插花时根据不同的场合和用途选择不同的色彩。

（3）色彩的远近感

色彩本身无距离上的差异，人们通过常识可将视觉感受转换成距离差异。红、橙、黄等波长较长，看起来距离较近，称为前进色；蓝、紫等波长较短，看起来距离较远，称为后退色；黄绿色和红紫色为中性色，感觉距离中等，较柔和。插花时利用色彩的远近感，适当调节不同颜色花材的体量和位置，前进色在前，后退色在后，以增加作品的纵深的层次感和立体感。

（4）色彩的轻重感

色彩本身没有质量上的差异，其轻重感取决于明亮程度。明亮程度越高，色彩越浅，感觉越轻盈；而明亮程度越低，色彩越深，感觉越沉重。插花时要善于利用色彩的轻重感来调节插花作品的重心，使其在视觉上均衡稳定。

（5）色彩的感情效果

色彩是插花造型的语言和重要的表现手段，能影响人的心情。色彩不同，引起人们心理反应不同。在插花中，一般常见的色彩情感有以下几种。

① 红色　暖色系，寓意热烈、华丽、富贵、兴奋，常用红色花表示喜庆、吉祥、喜爱等。

② 橙色 暖色系，寓意甜美、明朗、成熟、丰收，常用橙色花表示丰收之意。

③ 黄色 暖色系，寓意富贵、光辉、高贵、尊严、权威，常用黄色花表示富丽堂皇、高贵典雅之意；有时也用于丧礼；西方送黄玫瑰表示分手之意。

④ 绿色 冷色系，寓意生机、健康、安详、宁静，常用绿色花材表示生机勃勃、精力充沛之意。

⑤ 蓝色 冷色系，寓意安静、深远、辽阔、清新、冷淡、阴郁，常用蓝色花材表示清心寡欲之意。

⑥ 紫色 冷色系，寓意高贵、神秘、柔和、娴静，常用紫色花材表示高贵神圣之意。

⑦ 白色 无彩色，寓意纯洁、朴素、高雅、悲哀，常用白色花材表示朴素淡雅或痛苦悲伤之意；西方婚礼上，新娘喜用白色。

⑧ 黑色 无彩色，寓意庄严、含蓄、坚定、肃穆、哀悼，常用黑色素材表示端庄肃穆之意。

（二）插花造型的基本理论

1. 比例

插花造型中的比例主要为花材和花器之间、花材之间、作品局部与整体之间、作品与周围空间之间的关系。比例合适才能匀称、和谐。大型空间适宜摆放较大作品，小型空间摆放中小型作品，所谓"堂厅宜大，卧室宜小，因乎地也"。

（1）花材与花器之间的比例

花器的大小影响到最长花材的长度，花器的高度与花器最大直径之和为一个花器单位。最长花材应为花器单位的1.5～2倍，颜色较深的花材长度可适当增加，下垂形和S形插花比例也可适当增大。

（2）黄金分割

插花造型时常用到黄金分割比，黄金分割比是将一条线段分成两段，小线段 a 与大线段 b 的长度比等于大线段与全线段长度之比，即 $a:b=b:(a+b)=0.618$。最长花材为花器单位的1.5～2倍，符合黄金分割比；插花造型中三个主枝长度的比例为 8:5:3 或 7:5:3，也符合黄金分割比。

2. 均衡

均衡是指作品质量重心和视觉重心基本重合，使作品看起来平衡稳定，有美感。在插花中指造型各部分之间相互平衡的关系和整个作品形象的稳定性。均衡是一门艺术，运用得好可以提高花艺格调和水平。

（1）平衡

平衡分为对称的静态平衡和非对称的动态平衡。对称的静态平衡视觉简单明了，显得稳重、庄重和高贵，也有严肃、呆板之感。有两种插花方法：一是将花材和颜色平均分布于中轴线的两侧，完全对称；二是外形轮廓对称，花材和颜色不对称。后者显得活泼，视觉效果更好。

非对称的动态平衡没有严格意义的中轴线，左右两侧花材不对称。通过花材的长短、体量、质感、颜色的变化，使作品达到平衡的效果。比如作品一侧花材稍多，颜色较浅，另一侧花材偏少，可通过添加深色花材或丝带等，达到视觉上的平衡。

（2）稳定

稳定指插花作品质量重心或视觉重心基本位于中轴线中下部，使花材的形态、色彩、质感、数量和动态变化都相对稳定，让人心理感觉踏实。如果作品头重脚轻，行将坍塌，必使人心情紧张，就失去了美感。因此，插花时颜色深、体量大的花材插在下部，颜色浅、体量小的花材插在上部，使作品尽可能达到稳定。

3. 多样与统一

插花作品由诸多要素组成，如花器、花材、几架、配件等，花材种类丰富，体现出作品的多样性；同时这些要素要表达一个主体，体现出统一性。插花时，多样性易得，统一性难求。可通过设置主次、集中、呼应等求得统一。

（1）主次

插花时以花材为主，花器为辅，花器的颜色为无彩色或者浅色；鲜艳的较大花材为主，浅色的较小花材为辅；以一种花材或一种颜色为主，其他花材和颜色为辅。主体一旦确定后，其他素材都要围绕主体，烘托主体，不要喧宾夺主，主次不分。

(2) 集中

插花时，焦点花确定后，其他花材以焦点为核心向外离心扩散。焦点一般位于各轴线的交汇点，靠近中轴线中间偏下的位置。焦点花一般以45°～60°向前倾斜插入，花朵面向观众，利于欣赏。大型作品的焦点花一般为一束花材，利于组群技巧做出焦点区。

(3) 呼应

加强单个作品或作品组合各部分之间相互联系的一种方法。插花时必须注意花和叶的朝向，做到低位置花和叶仰，高位置花和叶俯，产生俯仰呼应。同种花材、同色彩在不同部位重复出现也产生呼应效果。一个作品包括两个组合时，两个组合所用花材和花色要相互联系，如花材都是山间野花，花色都是同色系或近似色等。一个作品包括多个组合时，应有统一主题，比如用梅花、梅枝、梅根等表示"梅韵"。

4. 对比和调和

(1) 对比

对比在生活中无处不在，老子在《道德经》中写道："有无相生，难易相成，长短相形，高下相倾，音声相和，前后相随，恒也。"花材之间、花材和容器之间、作品和环境之间常有大小、长短、高矮、轻重、曲直、直折、方圆、软硬、虚实的比较。在中国国画画理中，对比又称为"破"，直线以曲线破之，横线以竖线破之，圆形以长线破之，在插花中也遵循该理论。比如插花时都是直线花材时显得单一呆板，添加弯曲花材方显活泼；都是圆形花材时显得平凡臃肿，添加线形花材方显平中出奇。

(2) 调和

调和就是协调，一般指花材和花材之间、花材和容器之间、作品和环境之间的关系。每个元素之间相互关联，有共性，没有分离排斥的现象。相同或类似的元素之间容易调和，不同或相反的元素很难调和。这时需要找出二者之间的关系，通过加入色彩、形态或质地等中介物质，使二者产生新的关系。如色彩差别大时，加入中间色加以调和；体量差别大时，在空间处加入中间枝条，使画面连贯；质地差别大时，加入中间质感的花材，使视觉感觉流畅。

5. 韵律

韵律就是声韵和节律。在插花造型中，韵律是一种动感美，体现在造型有层次、安排有疏密、空间结合有虚实、不同元素过渡有连续等方面。主要类型有：

(1) 简单的韵律

常指花材由低到高、花色由浅到深、质感由柔软到坚硬等。韵律简单，容易理解，容易插作，易被初学者接受。

(2) 间隔的韵律

常指花材的大小、高低、颜色、质地等某种元素呈现交替出现的现象。如花材大、小交替出现，花材高、低交替出现，颜色深、浅交替出现，花材柔软、坚硬交替出现等，呈现简洁的韵律美。

(3) 交替的韵律

常指一种元素和另一种元素交替出现的现象。如插花作品中从一侧到另一侧，分别是叶、花、叶、花、叶、花等有规律的重复，呈现简洁的重复旋律。

(4) 渐变的韵律

常指一种或几种元素有规律变化的现象。如插花作品下层的叶环越来越高，中层的花朵越来越高，上层的扇形叶越来越高等；或者从中部到两侧由密到疏等，这种渐变的韵律蕴含着强有力的运动感。

(5) 起伏的韵律

常指三种及以上的元素呈现高低起伏变化的规律。如插花作品中，一侧是叶片由高到低，中间是花朵由高到低，另一侧是枝条由高到低等。因元素多样，整幅作品显得有起有伏，气势十足。

(6) 圆的韵律

常指垫座、花器、花材、造型呈现圆形的现象。如一幅作品中，垫座圆润、花器球形、花材环状、造型平展，该作品便显得柔和、可爱，容易让人产生亲近感。

(7) 虚实结合的韵律

常指采用写实和写意相结合的方法展现造型美的现象。如一幅作品中，三五植株表示森林（写意），一间小屋表示人家（写实），通过传神的枝叶、虚实对比，作品显得远近分明，突显人类渺小、自然伟大的意境。

六、插花的基本步骤

（一）立意构思

"驭文之首术，谋篇之大端"，和写文章一样，插花时应先构思后插摆。立意就是想好主题，确立目的。立意取决于三方面：一是插花的用途，比如是喜庆用花，普通装饰用花，送礼用花，还是自己用花等，确立插花作品的格调，是华丽还是清雅；二是作品摆放位置，比如环境大小，位置高低，空间中心还是空间拐角等，确立合适的花型；三是作品表现的内容和情趣，是表现植物的自然美，纯造型还是借花寓意等，确立插花的意境。

（二）选材

根据构思，选取相应的花材、花器和附属品等。喜庆用花选用色彩鲜艳的花材；普通装饰用花依据方便原则可就地选材；送礼用花寓意要好；自己用花选材自由，全凭自身爱好。花无贵贱之分，但有一定的寓意，只要材质搭配得当、色彩协调、寓意相符，可由作者自由选配，没有固定模式。花器和附属品的选取原则和花材相似。

（三）造型插作

造型插作是指花材选好后，运用修剪、弯曲和固定等基本技能，按照一定的轮廓，将花材的形态美、色彩美、意境美展现出来的造型方法。插作时，应紧扣主题，边插边看，随时调整花材的角度，将焦点花材置于显眼之处，其他花材退居次位，易被人理解和接受。

（四）命名

命名是插花作品的重要组成部分，好的命名可使作品更为高雅，更有内涵。东方式插花命名时常采用诗词佳句，西方式插花命名较简单，常用几何图形来命名。

（五）清理现场、保持环境清洁

插花作品完成后，清理废枝残叶，清洁桌面，现场不要留下一滴水痕和残渣，这也是插花不可缺少的一个重要环节。

【本章知识结构图】

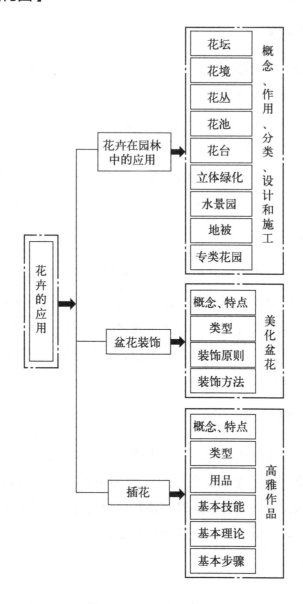

【练习题】

一、名词解释

花坛、盛花花坛、模纹花坛、标题花坛、混合式花坛、装饰物花坛、雕塑花坛、主题花坛、独立花坛、花坛群、花坛组群、平面花坛、斜面花坛、立体花坛、地栽花坛、盆栽花坛、移动花坛、花境、单面观赏花境、双面或多面观赏花境、对应式观赏花境、专类花境、混合花境、宿根花卉花境、球根花卉花境、灌木花境、路缘花境、林缘花境、庭院花境、岩石花境、隔离带花境、带状花境、岛式花境、台式花境、花丛、花池、花台、立体绿化、水景园、地被、专类花园、盆花装饰、插花、写实插花、写意插花、抽象插花、线形花材、团块形花材、异形花材、散点形花材、骨架花材、主体花材、焦点花材、填充花材、原色、间色、复色、同色系、近似色、对比色、三等距色、调和。

二、问答题

1. 花卉在园林中的应用形式有哪些？请举例说明。
2. 简述花坛的主要作用，请举例说明。
3. 花坛和花境有哪些分类方式？每种分类方式各有哪些类型？
4. 花坛和花境的设计要点有哪些？请逐一阐述。
5. 举例说明立体花坛的施工程序。
6. 花坛和花境的设计图由哪几部分组成？请简要说明。
7. 盆花有哪些分类方式？请举例说明。
8. 盆花装饰的原则和装饰方法有哪些？请简要阐述。
9. 插花有哪些特点？请举例说明。
10. 插花有哪些分类方式？请举例说明。
11. 插花时，花材有哪些类型？
12. 插花器具作用是什么？有哪些类型？
13. 详细阐述插花的基本技能。
14. 插花有哪些基本理论？请详细阐述。
15. 简要回答插花造型的基本步骤。

生产实训五
花坛的设计

一、目的要求

1. 了解花坛的类型和作用，掌握花坛设计的基本原理和方法。
2. 能够独立完成花坛的初步设计方案。

二、材料用具和实训地点

1. 材料用具

A3 图纸、彩铅或马克笔、直尺等绘图工具。

2. 实训地点

当地公园、学校、医院、政府部门、大型商场等门口广场。

三、内容及方法

1. 设计项目

在某大学东门门前建造一个下底边长 8m、上底边长 5m、高 3m 的等腰梯形暖色系斜面花坛，依据花坛设计要点及东门周围环境特点，提出你的设计方案。注明设计说明；绘制彩色平面总图；标注花材列表（含花材名称、花色、花期和株高）。

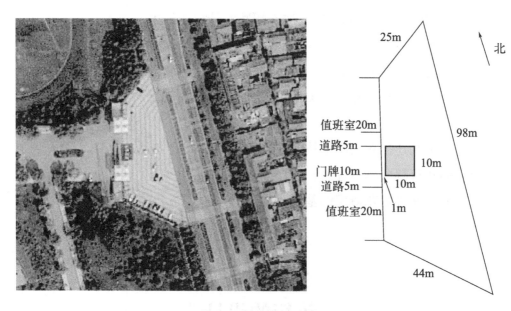

某大学东门场地环境

2. 设计要求

在环境分析图和平面图上写出比例尺、标出指北针。

（1）环境分析图（1∶500 到 1∶1000）

绘制花坛周围环境（包括道路、建筑边界线、植物、广场、停车位等）

示意图，绘制平面轮廓和大致图案。

（2）花坛平面图（1∶50到1∶100）

花坛的外部轮廓，内部纹样（简洁明了），各区域植物的名称或编号（从内向外编号），某一季的色彩表现。

（3）花坛效果图

以某一季景观为例。能够反映各类植物在花坛中的位置、高低及姿态、颜色。

（4）花材列表

标注：中文名称、类型（草本、灌木、乔木等）、花色、花期、高度等。

（5）设计说明

包括：立意、花卉选择、季相设计、色彩设计等内容，在图中难以表现的可用文字说明。

四、作业

根据现有场地环境，提出你的设计方案，注明设计说明，绘制彩色平面总图；标注花材列表（含花材名称、花色、花期和株高）。

生产实训六
插花作品的创作

一、目的要求

1.综合应用插花的基本知识、基本技能和基本构图原理，插作一件艺术插花作品。

2.要求学生先立意再构图，利用已掌握的插花技法创作作品。

二、材料用具和实训地点

1.材料用具

多种鲜切花材：百合、月季、康乃馨、唐菖蒲、非洲菊、勿忘我、肾蕨、满天星、一枝黄花、八角金盘等；剑山、花泥、枝剪、丝带、包装纸、去刺器、各种容器等。

2.实训地点

当地花店、花卉展览会、插花实验室等。

三、方法步骤

① 立意　根据作品摆放的位置，构思并写出所创作品的立意。

② 选材　根据立意，选取花材，要求焦点花、骨架花和主体花搭配合理，色彩协调，花型美观。

③ 插作　根据构图，选择合适的容器和固定花材的材料，修剪花材，插摆作品。动作要干净利落，表现要到位，作品的寓意要明显。

④ 命名　作品创作完成，赋予好的名称，并写出作品特点。

⑤ 个人讲述　作者讲述自己作品立意、造型、特点，同学互评，教师点评。个人再总结插花心得。

第六章 花卉的采后处理

【本章概要】 本章重点介绍了花卉采收之后的内部生理活动、保鲜措施、修剪和分级、包装及运输销售等；同时介绍了干花的概念和制作流程，让学生掌握花卉采收后的工作内容和工作流程。

【课程育人】 花卉采收后的处理方式由花卉的生理代谢活动决定，可使学生明白基础研究的重要性。学习该章内容，有助于培养学生探索植物生命奥秘的科学精神。

第一节 鲜花

鲜切花采收后，脱离母株，失去了营养和水分的供给，加上呼吸作用、蒸腾作用、机械损伤、环境伤害和微生物侵袭，保鲜期往往比较短。一般情况下，贮藏阶段的商品切花，损失率约为20%。因此，学习切花衰老的机理，便于采取合理科学措施进行保鲜处理，延长切花寿命，提高商品效益。

一、采后生理

切花采收后，仍然进行着呼吸作用，分解自身物质，逐步释放能量，这是一个消耗过程，使花材逐渐衰老变质。

（一）呼吸作用

是指花材将外源或自身储存的糖类、脂类、蛋白质等，在呼吸酶作用下，逐步反应降解成二氧化碳、乳酸、乙醇等并释放能量的过程。

1. 无氧呼吸

在缺氧或者氧气供应不足时，花材外源或自身某些有机物分解成不彻底的氧化产物（如乙醇或乙酸），同时释放少量能量的过程，其化学式为：

$$C_6H_{12}O_6 + 酶 \longrightarrow 2C_2H_5OH（乙醇）+ 2CO_2 + 少量能量$$

$$C_6H_{12}O_6 + 酶 \longrightarrow 2C_3H_6O_3（乳酸）+ 少量能量$$

2. 有氧呼吸

有氧呼吸为花材主要的呼吸类型，指在氧气充足时，花材外源或自身的某些有机物彻底氧化为 CO_2 与 H_2O，同时释放大量能量的过程，其化学式为：

$$C_6H_{12}O_6 + 6O_2 + 酶 \longrightarrow 6CO_2 + 6H_2O + 大量能量$$

可见，呼吸作用是一个消耗有机体的过程；无氧呼吸产生的乙醇或乳酸，对花材有较强的毒害作用，是一个既耗费营养又产生毒害的过程。被切断了母体营养源的切花材料，要尽量减少其呼吸，尤其是无氧呼吸带来的不利影响。一般从两个方面降低呼吸产生的影响：一是供给营养物质，通过分解外源营养减少花材自身物质的消耗；二是通过降低温度、增加 CO_2 浓度等降低呼吸强度，减少物质消耗。呼吸不能停止，否则切花寿命终止。

3. 呼吸消耗与呼吸热

呼吸消耗是花材采收之后，因呼吸作用净消耗的干物质的量。呼吸热指花材在呼吸时释放的能量，一部分用于保障自身的生命活动，大部分以热的形式释放到体外。由于呼吸热，花材本身成了一个发热体，导致周围环境升温，又促进花材呼吸强度增加，消耗更多的干物质。因此花材在贮运时，应尽可能降低呼吸速率，减少呼吸热的释放，同时加强通风散热，避免环境温度升高。

4. 呼吸跃变

指花材自采收到衰老期间，呼吸速率先突然升高，然后再降低的现象。根据呼吸强度的变化，将花材分为非呼吸跃变型与呼吸跃变型。非呼吸跃变型花材有红掌、蜡梅、百日菊等；呼吸跃变型花材有百合、牡丹、康乃馨、非洲菊等，其呼吸作用随花朵的开放而逐渐增强，盛开前达到最高，之后慢慢减弱，因此呼吸跃变的出现标志着跃变型花材的衰老。

5. 影响切花呼吸的因素

切花在贮运过程中，切花损耗和呼吸强度紧密关联。因此在维持切花基本代谢的情况下，尽可能地降低其呼吸强度。影响切花呼吸强度的因素包括内部因素和外部因素。内部因素包括花材种类、品种和采收成熟度，外部因素包括温度、湿度、气体成分、机械损伤和病虫害等。

（1）种类和品种

不同种类的花材呼吸强度差异很大，呼吸由强到弱的顺序为观花类＞观叶类＞观果类＞观茎类＞观根类。花表面有蜡质结构的花材呼吸强度低于没有蜡质结构的花材，如红掌表面有蜡质结构，不利于气体交换，其呼吸强度明显低于月季、百合、牡丹、芍药、康乃馨、非洲菊等。

（2）采收成熟度

切花采收的成熟度和呼吸强度密切相关。花朵开放程度越高、开放花朵越多，成熟度越大。成熟度高的呼吸强度高，而成熟度低的呼吸强度低。因此购买和采收花材时，应选取微开或刚开的花材为佳。

（3）温度

温度是影响花材呼吸强度最重要的环境因素。在一定的温度范围之内（5～35℃），温度越低，呼吸强度越低，贮运寿命越长；反之，温度越高，呼吸强度越高，贮运寿命越短。一定温度范围内，温度和呼吸强度的增加符合温度系数$Q_{10}=2\sim2.5$，即温度每升高或降低10℃，花材的呼吸强度则增加2～2.5倍。因此贮运时，适度降低温度，可显著降低呼吸强度，利于花材保鲜。

（4）湿度

湿度对花材呼吸的影响小于温度。一般情况下，空气湿度较低时，呼吸强度较小，但过度干燥引起蒸腾作用加大，导致花材失水，不利于贮运。一般贮运时，85%～95%的空气湿度利于花材保鲜。

（5）气体成分

气体成分是影响呼吸作用的重要因素。花材贮运环境的气体主要为O_2、CO_2和C_2H_4等成分。根据有氧呼吸的方程式"$C_6H_{12}O_6+6O_2+$酶$\rightarrow 6CO_2+6H_2O+$大量能量"可知，降低O_2浓度、增加CO_2浓度，可降低花材呼吸强度。

(6) 机械损伤和病虫害

切花在栽培、采收、分级和包装等过程中容易受到机械损伤,机械损伤易引起呼吸作用的增强,由于受伤引起呼吸作用增强的现象称为创伤呼吸。病原菌侵入花材、害虫啃噬花材均会引起呼吸作用的增强。鲁宾研究发现,病原菌侵入时,抗病品种呼吸强度增加明显,不抗病品种则变化较小。

(二) 蒸腾作用

指水分从活的花材表面(主要是叶子)以水蒸气状态散失到大气中的过程,既受到植物本身的调节,又受到外界环境条件的影响,生理过程复杂。

1. 蒸腾作用的危害

新鲜花材细胞中水分充足,幼嫩组织坚硬,花朵挺拔,花叶有光泽;失水后,细胞膨压降低,组织萎蔫,硬度降低,花枝变软,光泽消失,鲜度降低。

失水易造成正常代谢异常,H^+、NH_4^+ 等浓度增加,导致细胞中毒。细胞失水,易引起水解酶活性增加,加速水解过程和干物质消耗。失水也会降低花材的耐贮运性和抗病性,研究表明,花材脱水越严重,抗病能力越差,腐烂率越高。

2. 影响蒸腾作用的因素

影响蒸腾作用的因素包括内部因素和外部因素。内部因素主要为种类、品种、组织结构、理化特性。花材表面有蜡质结构的,蒸腾强度小;花材表面积小的,蒸腾强度小;生理活性低的,蒸腾强度小。外部因素主要为湿度、温度、空气流动、光照等。一般情况下,湿度高、温度低、空气流动慢、光照弱,蒸腾强度就小;反之,蒸腾强度就大。

二、采后保鲜

(一) 采后保鲜机制

1. 降低呼吸速率

降低呼吸速率利于减少营养消耗,是花材保鲜的重要机理。降低呼吸速率的措施较多,主要为降低温度、增加 CO_2 浓度、喷施生长延缓剂(如 CCC、PP333、B_9)、施用乙烯抑制剂等。

2. 减少水分丧失

水分是保持花材新鲜的重要物质，及时补充水分，减少失水也是花材保鲜的重要机理。减少失水的方法很多，主要为降低温度、减缓花材周围气体流动、将花材置于水中、向花材注射水分等。

（二）采后保鲜措施

花材的保鲜和贮运是切花生产的关键性环节，随着我国花卉产业的逐步壮大，花材的采后生理和保鲜研究也成为热点领域。切花保鲜古已有之，明清学者陈淏子所著《花镜》中写到一系列花材保鲜方法，如剪切、浸烫、灼烧、注水、封泥，有时在瓶插液中加入烧红的木炭、瓦片块、硫黄粉和盐等，均有较好的保鲜效果，有些方法至今也在使用。1949 年，比利时生化学家鲍埃斯发现将化学药品加入水中能明显延长切花寿命，此后各国就开始研究切花保鲜技术和保鲜剂配方，20 世纪 80 年代，中国也开展了相关研究，取得了较好的成果。

1. 低温冷藏法

低温可降低蒸腾与呼吸作用，延缓乙烯的生成，抑制病原微生物的生长，利于切花保鲜。低温冷藏时，冷库温度调为 1～4℃（冷库最低温可调至 －1℃），相对湿度调为 70%～85%；切花采收后，在冷凉处散开放置 30min，去除田间热，转入冷库；或者先用空气预冷、水预冷、真空预冷等，将花材温度调整到规定范围的温度，再转入冷库。空气预冷方便，效果稍差；真空预冷效果好，时间短，但成本昂贵；水预冷居于二者之间。研究表明，低温冷藏法可使切花的保鲜期延长 5～20d，低温下，乙烯释放推迟，呼吸跃变发生较晚，利于花材保鲜。1～4℃环境下菊花贮藏期延长 7～10d，百合延长 5～7d。

2. 化学保鲜剂法

切花保鲜剂主要为瓶插液、催花液以及预处理液，其内有杀菌剂、碳水化合物、激素和乙烯抑制剂等成分。杀菌剂常用 8-羟基喹啉盐类（8-HQ）、柠檬酸（盐）、苹果酸（盐）、硫酸镍、水杨酸、三环唑、高锰酸钾、升汞等；能量物质常用蔗糖，葫芦科植物可用水苏糖代替蔗糖；激素常用 6-BA（6-苄基腺嘌呤）、TDZ（苯基噻二唑脲）等；乙烯抑制剂常用 AVG（氨氧乙基乙烯基甘氨酸）、MVC（甲氨基乙烯基甘氨酸）、AOA（氨氧乙酸）、STS

（硫代硫酸银）和 2,5-NBD（2,5-降冰片乙烯）等，最常用的为 STS。一些无机盐如钙盐、钾盐、铵盐等可增大细胞膨压，使细胞和保鲜液之间的水分交流保持平衡。有机酸可促进切花的水分吸收、阻止微生物生长以及降低 pH，常用的有机酸为异抗坏血酸、苯甲酸和柠檬酸等，其中异抗坏血酸作为抗氧化剂延长切花寿命。

3. 气调保鲜法

通过调控贮运环境 CO_2 和 O_2 浓度可调控切花寿命。低浓度 O_2 和高浓度 CO_2 可降低呼吸强度，延缓乙烯产生。常用适度密闭冷库或包裹塑料薄膜的方式调控 CO_2 和 O_2 浓度。高俊平研究发现，聚乙烯膜包裹月季花材后，因呼吸作用的影响，O_2 浓度降低，CO_2 浓度增加，乙烯的产率降低，呼吸强度明显减弱，显著延长了月季切花的瓶插寿命。为了增加保鲜效果，可将气调法和冷藏法联合应用。

4. 辐射保鲜法

用一定射线照射切花，引起微生物发生物理化学反应，抑制或破坏微生物的新陈代谢、生长发育等，抑制微生物活性，降低其侵染细胞的概率，维持细胞活力，从而延长切花寿命。研究表明，采用射线辐照月季、大丽花的花材，可明显抑制呼吸酶活力，减少花材褐变、降低呼吸强度与蒸腾作用，提高可溶性固形物含量，增强花材吸水能力，达到花材保鲜的作用。

5. 超声波处理法

超声波利用低频高能量的空化效应在液体中产生瞬间高温高压，造成温度和压力变化，使液体中某些细菌致死、病毒失活，甚至破坏体积较小的微生物细胞壁，从而延长花材的保鲜期。研究表明对月季、香石竹、菊花进行超声波预处理，促进花材吸水，提高其保水性，达到延长切花寿命的目的。

此外，还可以通过臭氧处理、超高压处理、栅栏技术、生物保鲜技术、生物基因工程保鲜技术等，延缓细胞衰老，达到花材保鲜的目的。

三、采后修剪和分级

（一）采后修剪

采后的切花，去掉病叶、烂叶、坏叶、枯叶、畸形叶和皮刺，去掉下部枝条切口附近 3～4 个叶片，将切口修剪平滑，然后将切花泡入水中，露出花朵即可。

（二）切花分级

指将花材采收后按照一定的质量标准或客户的要求归入不同等级的操作过程。目前只有部分切花产品有质量等级或标准，国家不同，标准也不同。分级时主要考虑的因素为花色、花的大小、花的形状、花朵开放度、叶色、叶形、茎秆长度、茎秆粗度、茎秆直立度、有无病虫害和缺陷等。

花材分级时，同一品种、同一批量、相同等级、同一产地的产品作为一个检验批次，大样本至少抽取 30 枝，小样本至少 8 枝，进行检测分级，根据检测指标，一般将花材分为 2～3 个等级。

1. 花材整体

根据花、叶、茎的完整度、新鲜度、成熟度，花材姿态、香味等综合品质进行感官评定。

2. 花

花形根据不同种类和品种的花形特征和分级标准进行评定；花色按照色谱标准测定纯正度，是否有光泽、灯光下是否变色，进行感官评定；花茎长度和花径大小用直尺或游标卡尺测量。

3. 叶及其他

根据其色泽、鲜艳度、清洁度、完整性进行感官评定。病虫害一般进行感官评定，必要时可用培养基培养进行显微镜观察。

（三）切花分级的标准

1. 欧洲经济委员会（ECE）标准

为地区性标准，适用于欧盟国家以及进入欧盟国家贸易的切花产品（含切花、切叶、切枝与切果），对切花的商业质量进行检验与控制。该标准将切花分为特级、一级和二级 3 个等级。特级切花必须具有最好的品质、明显的品种特性、外观无损伤，只允许 3% 的特级花、5% 的一级花和 10% 的二级花有轻微的缺陷。

2. 欧洲零售商集团良好农业规范（EUREP-GAP）标准

是由零售商、种植者、销售人员、行业协会、研究机构组成项目组，制定的花卉和观赏植物基本标准。涵盖了从产品和环境保护到工作人员控制污染全过程，需要种植者在生产过程中减少农药、化肥等的使用，以满足消费者的需求。只有通过 EUREP 授权认证机构对花卉供应商进行认证，才能进入授权的超市出售。

3. 美国花商协会（SAF）标准

该标准适用于进入美国贸易的切花产品（含切花、切叶、切枝与切果），对切花的商业质量进行检验与控制。SAF 标准的分级原则与 ECE 标准基本相同，分为蓝、红、绿三种等级规格，但该标准更注重茎秆长度、坚挺度、花瓣和叶片的色泽等外形质量。公共质量指标包括了花叶状况（明亮、清洁、坚实）、成熟度、品种特性、缺陷、畸形、腐烂或损伤、茎秆挺直程度等 7 项指标，分为合格与不合格两种。

4. 中国花卉系列国家标准

2000 年 11 月，国家质量技术监督局发布了花卉系列的 7 个标准，分别是鲜切花、盆花、盆栽观叶植物、花卉种子、花卉种苗、花卉种球、草坪等，为我国花卉产业的发展提供了一定的标准支撑，目前还缺少产品内在品质、检测方法、标准化生产等的国家标准。

四、采后包装

切花包装分为单枝散装和成束包装，月季、郁金香、康乃馨、鹤望兰、小苍兰等可用发泡网或塑料套保护花朵；红掌和非洲菊可用能保护花头的纤维板箱包装，使花茎保持直立；名贵花卉如蝴蝶兰、卡特兰、大花蕙兰等可用碎聚酯纤维包装，茎端插入盛有保鲜液的小瓶中。大多数切花 10 支或 12 支为一束，常用湿报纸、耐湿纸或塑料套包裹后置于包装箱内。

常用的包装箱为纸箱、木箱、板条箱、泡沫箱、纤维板箱、加固胶合板箱等，最常用的为纤维板箱。长距离运输时宜采用波纹纤维板箱，该箱承载力好，较耐压；有时也用承载力更强的波纹纤维板双层套箱，其强度在高湿条件下可承受 8 满箱切花的重量。为了防止箱内花材碰撞，需用泡沫塑料、内用细刨花和软纸作为包装内填充物，将切花分层交替置于包装箱内。有时为了提高工作效率，也可放入标准托盘（1016mm×1219mm），便于放、取花材。

五、采后运输与销售

（一）采后运输

1. 预处理

指切花包装贮运前，用含糖为主的化学溶液短期浸泡花茎基部，补充花材代谢消耗的营养。预处理的主要目的：一是改善开花品质，延长花期；二是可使蕾期采收的花枝正常开放；三是保证运输或贮藏后的花材品质。预处理常采用蔗糖和硫代硫酸银。如切花月季在20℃时，用10%左右的蔗糖溶液浸泡4h，可使花材正常开花，开花品质不变。

2. 预冷

指花材采后，迅速去除田间热和呼吸热的过程。切花离开母体后，极易衰败腐烂。温度越高，呼吸速率和蒸腾速率越高，衰败腐烂越迅速。因此，进行包装、贮运前的预冷，可大大减少运输中的腐烂、萎蔫。花材采后越早放入理想的贮藏温度下，它的货架寿命就越长。预冷的方法很多，最常见的为气冷和水冷。将冷气通过未封盖的包装箱以降低温度，预冷后再封盖，称为气冷，该方法操作简单，便于应用。将冰水流过包装箱而直接吸收产品的热，达到冷却目的，称为水冷，为了达到抑菌效果，水中有时加入杀菌剂，该方法较气冷稍显复杂，但冷却效果更好。

3. 运输

不同种类的花材最佳运输温度不同，低温易使花材产生冷害，高温起不到保鲜作用。运输方式多样，如铁路运输、卡车运输、空运、船运等，可一种或多种方法共用。运输时，尽可能保持植物处于冷环境，温度要稳定，保持空气循环及通风。小型花材或盆栽适宜多种运输方式；大型花材或盆栽常用敞口卡车来运输，运输时大多去除运输介质及容器，采用裸根运输，可节省50%的运输空间及重量，使运输费用大幅度降低。该方法也适用水培法生产的植物，以符合一些国家指定的卫生要求，防止土传病原体的传播。

长期运输前，常用乙烯活性抑制剂（STS或1-MCP）处理，以降低乙烯的危害；喷施适宜浓度的NAA溶液，可减少花材器官的脱落。运输时应考虑最经济、最优的运输方法，长期运输时，全程需要保持合适的空气湿度和温度，减少叶、花褪色和脱落以及疾病的快速发展与传播等。

（二）销售

详细内容见第七章。

第二节
干　花

干花，又叫干燥花，是将花材进行干燥、保色和定形后，制成的具有持久观赏性的花卉装饰品。干花既保留了鲜花的自然之美，又具备人造花持久的观赏性，易于分解，不易造成环境污染。干花作为室内装饰品，既有档次又经济，得到了市场的广泛认可，深受国内外消费者的青睐。

干花历史悠久，最早发现的干花埋藏在埃及金字塔内的洞穴中，16世纪初，意大利人创制了较为精致的干花产品，17世纪传入澳大利亚和新西兰，18世纪初进入日本并迅速在民间流行，19~20世纪在德国深受大众追捧。近年来，日本、韩国、马来西亚、新西兰及欧美诸国的干花制品生产和销售快速发展，产生了巨大的经济效益。

我国干花历史悠长，可追溯到神农氏采用风干烘烤法炼制中药的时期，但将干花由实用领域导向观赏艺术领域，制作干花制品还是近些年的事。

一、概念、特点及分类

1. 概念

指采用化学或物理方法对花、茎、叶等进行保形、保色、干燥等处理，使其可以长时间保存，同时具有独特艺术观赏价值的花材。干花无论是色泽、形状、质感等都和鲜花差别不大，干花保存时间更长（至少3年），用途更多，是花艺设计、居家装饰、庆典活动最为理想的花材。

2. 特点

（1）种类多样、颜色丰富

干花的材料来源丰富，凡是干燥后形态基本保持不变，制作完成后观赏价值易于保存的植株都可以成为制作干燥花的材料，如一二年生花卉、宿根花卉、低矮灌木、菌类、多浆植物等。干花经漂白、染色后，其成品颜色更加多样，色泽更为持久，观赏价值更高、用途更广。

（2）观赏期长、保存方便

干花观赏寿命长，在干燥和清洁的环境中，可保存3年以上，比较符合现代人快节奏的生活方式和对家居环境的装饰要求。

（3）形式多样、应用广泛

干花由于种类丰富，艺术风格多样，组合与搭配方式灵活多变，不受季节的限制，也不受保鲜条件的制约，应用广泛，无论是公共场所还是私人生活空间都能用到干花装饰。

3. 分类

（1）按形态分类

干花制成后按照形态分为平面干花和立体干花两类。平面干花由花材经压制脱水制成，也称压花。立体干花由花材经干燥、护形护色或染色处理后制成，基本保存花材的固有姿态。

（2）按颜色分类

干花制作过程中，按照对花材颜色处理的方式分为原色、漂白和染色三类。原色干花是指不对花材颜色做处理，直接制成的干花，这类干花保持花材的本来颜色；漂白干花是指在保持花材原有形态的前提下，采用氧化剂处理，使花材脱色的干花；染色干花是在漂白的基础上添加染料使花材着色的干花，适用于因干燥而变色、褪色的花材。

二、干花的制作

（一）花材的采集

干花常用花材有三类：一是团块状花材，如月季、菊花、百合、康乃馨、非洲菊等；二是线形花材，如梅花、龙柳、唐菖蒲、金鱼草、蛇鞭菊、尾穗苋、常春藤等；三是用于弥补空间、充实作品空间的填充花材，如蕾丝、小菊、满天星、情人草、勿忘我等。

花材采集时，不同观赏器官要求的标准不同。观花植物花材要求刚开放，花瓣质地坚韧、厚实、含水量少，中小型花，最好为深色系列花。观叶植物花材要求叶片厚、质地柔韧性好、不易弯曲。观株型的花材要求姿态美、质地好。

采集时间没有严格限制，以不影响制作干花为宜。花材采收后，及时去除病弱残枝、侧枝与侧蕾，以及过密的叶、花和果枝，便于通风干燥。如果规模化生产干花，干制前还需要按干花标准进行剪切与分级。

（二）花材的保色

在干花制作过程中，尽量保持原有色彩，达到和鲜花相似的观赏效果。目前，常用的保色方法主要为物理保色法、化学保色法和染料保色法。

1. 物理保色法

是指通过控制温度、光照、湿度、氧气、干燥介质种类等来保持花材的花色和光泽的方法。基本原理是迅速去除花材中的水分，减轻细胞内各种色素的分解程度。主要有低温减压保色法、高温减压保色法和微波干燥保色法。

2. 化学保色法

是指通过化学试剂与花材色素发生化学反应，保持或改变原有色素的化学结构和性质，而花色和叶色变化不大的方法。基本原理是通过改变细胞液内pH值、置换色素中心离子、发生络合反应等，保持色素分子结构的稳定。常用保色试剂为明矾、硫酸铜、硫酸铝、柠檬酸、氯化锡、氯化锌和酒石酸等。

3. 染料保色法

是指先对花材进行漂白，再用相应染料染色使其观赏性更强的方法。有些花材花色素雅，或是深色花朵可先漂白，然后采用花材活体吸色方法，将花朵染成不同颜色。染色时，色素调配的浓度和染色的时间可根据花色调整，使其部分染色或完全染色。

（三）花材的脱水

干花的制作，最重要的就是花材的干燥过程，也是花材内部脱水的过程，新鲜花材需要尽快进行干燥处理，否则易腐烂变质。干燥方法较多，特点多样。

1. 自然干燥法

通过空气的自然流通来去除花材中水分的方法。该方法简单，但需要的时间较长，花材易收缩变形，较适用于花小、茎短、含水少、纤维多的花材，如薰衣草、百日草、麦秆菊、千日红、鸡冠花等。根据花材的摆放位置，又分为悬挂干燥法、平放干燥法与竖立干燥法。悬挂干燥法适用于大花型花材，平放干燥法适用于花瓣易卷曲的花材，竖立干燥法适用于茎秆较软的多头花花材。

2. 加温干燥法

通过提高环境温度，使花材快速失水，达到干燥的方法。适用于含水量高的花材，温度高低和花材种类有关，一般为 40～60℃，可快速去除花材水分，缩短干燥时间。主要方法为烘箱干燥法、微波干燥法和干燥花机干燥法等。

3. 真空冷冻干燥法

低温将花材水分冻结，然后在真空环境下，冻结的水直接气化，使花材快速干燥的方法。该方法结合了冷冻技术与真空技术的优点，干燥速率快，适合花型大的花材，利于保持干燥花的色泽、形态、香味，污染低，应用前景好，但设备昂贵，不利于推广。

4. 有机溶剂干燥法

通过特定的非挥发性的有机溶剂吸收花材水分，使其快速干燥的方法。利用该方法制成的干花，花材柔软，保色性好。主要有机溶剂有甘油、酒精和福尔马林等，其中甘油最常用。

5. 包埋干燥法

利用包埋剂吸收花材水分，使花材快速干燥的方法。操作时，用包埋剂将花材整体埋没，置于干燥阴凉的环境中，2～3d 后，花材水分被吸收而干燥。常用包埋剂为变色硅胶颗粒，吸水效果好，干燥快；此外硼砂、细河沙、珍珠岩也可作为包埋剂，但吸水慢，效果差。适用于干燥后不易成型的大型花材，对花材形态和色泽保持良好。

（四）干花的组合

指把经过各种方式处理成型的干花素材按照一定的艺术造型组合成干花

艺术作品的过程。组合时应遵循色彩统一、色彩调和、构图均衡和韵律节奏协调四大主要原则。

（五）花材的保养

干花是由花材经干燥而成的，有植物天然的理化特性，不良的外界环境会造成其观赏寿命缩短，因此干花保存时要注意避光防潮、防风除尘和防虫等。

1. 避光防潮

强光易氧化天然和人工染料，致使干花褪色；高湿度环境易使干花受潮，发生霉变、变形、变黑，降低观赏性。因此，干花尽量置于散射光下和干燥通风的环境。

2. 防风除尘

干花韧性差、质地脆、重量轻，强风下易折断，影响观赏品质。为减少损失，应将干花置于无风或微风的环境中。同时定期清理花材表面灰尘，以免影响花材色泽，降低观赏价值。最好用吸尘器或吹风机除尘，也可滴几滴纯露或精油，做到既可赏花，也可闻香。

3. 防虫

干花含水量极低，很少发生虫害，一旦发生虫害，危害较大。防虫一般以预防为主，对于易发生虫害的干花，需要定期观察，喷施杀虫剂预防。常用杀虫剂为呋虫胺、噻虫嗪、螺虫乙酯、联苯肼酯、氟吡呋喃酮、溴氰虫酰胺、氟啶虫胺腈、乙基多杀菌素等，常用浓度一般为600～800倍液。

三、干花的染色

（一）漂白

花材脱水后，常出现颜色变淡、变暗、褪色等现象，导致其观赏性和商品性大大降低。为了防止这种现象出现，干花可先漂白再染色。一般采用液体漂白法，常用的漂白剂为 $NaClO$、$NaClO_2$ 和 H_2O_2 等，利用其强氧化性使花材脱色。然后再根据需要进行染色。

（二）染色

花材漂白后，将染料吸入组织内部或附着于表面，使其着色的方法。选取容易在花材上着色的染料，采用吸染、浸染、煮染、喷施染、涂染等方式染色。常用染料主要为食用色素、马克牌粉彩、丝绸专用染料等。

【本章知识结构图】

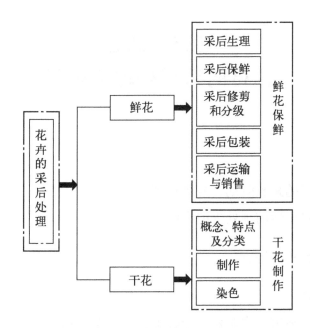

【练习题】

一、名词解释

花材的呼吸作用、无氧呼吸、有氧呼吸、呼吸消耗、呼吸热、呼吸跃变、蒸腾作用、采后修剪、切花分级、花材预处理、预冷、干花、物理保色法、化学保色法、染料保色法、自然干燥法、加温干燥法、真空冷冻干燥法、有机溶剂干燥法、包埋干燥法、花材漂白、花材染色。

二、问答题

1. 简要阐述花材采收之后的生理代谢机制。
2. 简要阐述影响切花呼吸的因素有哪些。

3. 蒸腾作用对新鲜花材的危害有哪些？影响蒸腾作用的主要因素有哪些？
4. 花材的采后保鲜机制是什么？常用保鲜措施有哪些？
5. 切花分级时依据哪些因素？有哪些分级标准？
6. 切花花材长距离运输时，需要做哪些措施保持花材新鲜？
7. 简要回答干花的概念和特点。
8. 详细阐述干花的制作流程。

生产实训七
花材的采后处理和贮运

一、目的要求

1. 掌握花卉的采收时期、分级标准。
2. 掌握花材贮运前预处理的方法。

二、材料用具和实训地点

1. 材料用具

各种花材、枝剪、去刺器、包装纸、鲜花保鲜剂等。

2. 实训地点

当地花材采后实验室、花店、花卉生产基地和企业等。

三、方法步骤

1. 采收

制定采收时期，确定不同时期适宜采收的花卉种类。

（1）蕾期采收

蕾期采收后能开花的植物，应在1～2朵花微开时采收，可延长花卉观赏期。如香石竹，花蕾直径1.8～2.4cm时采收较好，花蕾过小，则不能开花。适于蕾期采收的花卉还有月季、菊花、非洲菊、唐菖蒲、鹤望兰、满天星、郁金香、金鱼草等。

(2) 花期采收

蕾期采收后不能开花的植物，适宜在花期采收，如荷花、勿忘我、鸡冠花、满天星、一枝黄花等。

2. 分级

制定常见花卉的分级标准。

依据花柄的长度、花朵质量和大小、开放程度、小花数目、叶片状态等进行分级，一般来说，对切花而言，花茎越粗、越长，则商品的品质越好。

3. 贮运前预处理

(1) 采后调理

花朵采收后，尽快浸入水中，确定水温、水深和浸水时间。

(2) 预冷

讲述预冷作用，选择合理的预冷方式。常用预冷方式有水冷和气冷两种。

水冷：让冰水流过包装箱而直接吸收产品的热，达到冷却目的。预冷时建议在水中加入广谱杀菌剂（自己确定杀菌剂类型）。

气冷：让冷气通过未封盖的包装箱以降低温度，预冷后再封盖。以色列、荷兰等国家常用此法。

4. 包装

学习包装方法，确定包装规格，选择合适的包装材料，确认是否需要保鲜剂等。

5. 贮运

确定贮运车辆温控条件、包装箱堆叠方式，考虑运输时是否稳固。

四、作业

根据生产实训过程，完成下列表格。

植物名称	修剪方式	采收时期	分级标准	预冷方式	贮运条件

第七章 花卉的销售

【本章概要】 本章介绍了花卉线下销售模式的概念、特点和应用；重点阐述了花卉线上销售的流程和关键技术；简要介绍了花卉售后服务的未来方式。为学生从事花卉产品的推广、销售和服务提供了基本知识。

【课程育人】 学习花卉的销售，需要学生掌握花卉的商品性能、花卉市场的供求关系，有助于培养学生积极融入市场、调研市场、实事求是的观念，增强学生服务农业农村现代化、服务乡村全面振兴的使命感和责任感，培养学生成为知农爱农兴农的创新人才。

第一节 花卉的线下销售

一、零售销售

（一）概念

零售是直接将商品或服务销售给个体消费者或最终消费者的商业活动，是商品或服务从流通领域进入消费领域的最后环节。零售商通过传统的渠道（例如百货商店、专业商店和厂家直销店）或新的渠道诸如家庭销售、网络销售和仓储式销售等达到销售产品的目的。

鲜花行业以花店零售为主，零售是花卉销售的一种重要形式。

（二）特点

花卉的零售在很大程度上受地区、店铺地段与时间的影响。如花店的配送范围多限于周边地区，因此周边客流量成为销量的一大决定因素。花店经营受地域制约性强，同时节日效应对花卉销售影响也较大，如教师节、母亲节、七夕节、情人节等。五一假期、国庆假期、春节前后会有较多的开业、婚庆等活动，也促进花卉的零售。

（三）应用

主要为线下实体店铺的销售。推销、关系营销和电子零售也是促进零售销售的常用方式。

二、订单式销售

（一）概念

订单式销售是在市场供不应求时，为了避免客户流失，争取客户订单，形成良性销售惯性，有计划地提前接受客户交纳定金预订并约定商品交付或者提供服务期限的销售。订单式销售是顺应竞争趋势、满足市场需求、建立稳定营销网络的有效措施，是企业建立市场机制的重要经营思想。订单式销售的实质还是订单生产。

随着全球经济的发展以及互联网的普及，互联网经济迅速壮大起来，且我国提出了"互联网＋"的经济发展模式，给我国鲜花种植提供了新的思路：支持线上下单，线下提货，线下送货。

（二）特点

订单式销售最大的特点是由用户根据自己的需求和喜好来定制产品。这种销售方式的优点是没有库存，既可以减少用于周转的流动资金，又可以防止库存商品降价损失。订单式销售是生产商与消费者一种"双赢"的销售模式。花卉订单式销售的优势在于：

① 花卉"互联网＋"订单式销售模式，能有效缓解花卉产销不对称的问题。通过此模式可以增加花卉的销售半径，增加客户量，提高花卉

交易速度，对花卉生产的规模化、标准化、品牌化的提升起着非常重要的作用。通过"互联网＋"的销售模式，可以提高整个花卉经济的发展速度和效率。

② 紧跟市场需求，市场要什么，就种什么。"订单式"的种植销售模式在一定程度上保证了花农的收益，消除花农后顾之忧。

③ 订单式销售约定定向生产，重点发展定点花卉基地，可以解决资金问题，避免花卉过量无人购买的情况发生，花农还可以提前拿到货款。

④ "订单式"花卉销售模式让资本、技术、信息更加有的放矢，使花农与企业、消费者建立起更加紧密的联系，从一定程度上，也使花农收益稳定、更有干劲。

（三）应用

花卉订单式销售的五大运作模式：

① 花农与花卉基地、科研单位、种子生产单位签订合同，依托科研技术服务机构或种子企业发展"订单式"花卉。

② 花农与花卉基地、花卉产业化龙头企业或花卉加工企业签订购销合同，依托龙头企业或加工企业发展"订单式"花卉。

③ 花农与花卉基地、专业批发市场签订合同，依托大市场发展"订单式"花卉。

④ 花农与花卉基地、专业合作经济组织、专业协会等签订合同，发展"订单式"花卉。

⑤ 花农与花卉基地通过经纪人、经销公司、客商签订合同，依托流通组织发展"订单式"花卉。

三、拍卖式销售

（一）概念

拍卖式销售是企业或销售商家委托拍卖行，按一定的程序，选择好时间、地点，对产品进行叫价拍卖，产品最终归出价最高的买主所得的销售方法。

（二）特点

① 拍卖必须有两个以上的买主：拍卖表现为只有一个卖主（通常由拍卖机构充任）而有许多可能性的买主，从而具备使后者能就其欲购的拍卖物品展开价格竞争的条件。

② 拍卖必须有不断变动的价格：非卖主对拍卖物品固定标价或买卖双方就拍卖物品讨价还价成交，而是由多个可能买主以卖主当场公布的起始价作为基准价而另行报价，直至最后确定最高价格为止。

③ 拍卖必须要有公开竞争的行为：多个可能买主在公开场合对同一拍卖物品竞相出价，力争所得。而若所有可能买主对任何拍卖物品均无预购意愿，无任何竞争行为发生，拍卖就失去任何意义。

（三）应用

拍卖是一种高效的花卉销售方式，竞拍者们（常为二级采购商）进入拍卖市场，观看拍卖屏上显示的内容，若中意哪一款花卉，就进入拍卖流程。拍卖完成，接下来是包装运输等程序。每一篮鲜花都有不同的条码，等拍卖结束根据条码信息在储藏库中找到竞拍到的鲜花。拍卖结束，意味着鲜花已启动市场工作流程。

荷兰的阿斯米尔鲜花拍卖市场是全球最大的鲜花拍卖市场，有着各种品种的花卉，数量非常可观。据悉，平均每天在这里拍卖的鲜花数量可达1500万朵，可见这里的受欢迎程度。我国也有类似的花卉市场，如昆明斗南花卉市场，花卉品种繁多，全国范围内百分之七八十的鲜花都来自斗南花卉市场。

四、期货销售

（一）概念

期货销售是指商品买卖成交后，买方与卖方约定在一定期间内付货的销售方式。一般适用于大批量商品批发销售。期货销售要签订合同，一般按合同约定的价格结算货款。

借鉴国内外粮食期货上市的成功经验，运用金融手段将云南的花卉作为期货进行交易将对我国花卉产业做大、做强具有深远的意义，也是解决花卉销售问题的更好出路。

(二) 特点

① 期货交易是在交易所内以合约的方式进行。交易当事人以一定的价位买入或卖出一定数量，通过合约来满足自己对特定期货的需要。

② 期货合约是期货交易所指定的标准化合约。

③ 实物交割率低。

④ 期货交易采用保证金制度。交易者不需要付出全额货款，只需支付3%到15%的履约保证金。

⑤ 期货交易所为交易双方提供结算履约担保和交割服务，执行严格的结算交割制度，违约的风险较小。

(三) 应用

节日效应对花卉销售影响很大。如情人节玫瑰花的销售，因电子商务消费的崛起，为情人节的花卉消费创造了新的经济形式——玫瑰期货。以此类推，花卉消费高峰期的节假日均可采用期货营销模式，如蝴蝶兰销售火爆的春节，康乃馨热卖的母亲节还有玫瑰花大卖的七夕节。

目前我国花卉市场的交易方式主要有零售销售、订单式销售、拍卖式销售、期货销售等四种。随着互联网的广泛应用，线上销售的交易模式渐渐被大众接受，电商平台的发展也在不断成熟和完善。线上团购模式在火热进行中，拼单式的销售模式也被越来越多的花卉企业接受，互联网销售渠道也将成为鲜花产业发展的主要方向。

第二节 花卉的线上销售

花卉产业作为我国生态文明建设中的重要组成部分，近年来得到了飞速的发展。2019年我国药用与食用花卉种植面积达308.7万亩，较上年增加了9.22%。

近年来，我国市场对花卉的需求不断增大。随着"互联网+"的发展，电子商务平台的成熟和完善，花卉线上销量规模进一步增长，如综合性电商平台、零售O2O平台模式等。线上销售占据了很大的市场份额，同时也给花卉从业人员更多的选择机会和发展空间。

一、电子商务平台

电子商务平台即是一个为企业或个人提供网上交易洽谈的平台。花卉产品主要包括鲜花、盆栽植物和盆景等。就花卉零售市场而言，目前花卉电商入驻的电子商务平台主要有：京东、淘宝（天猫）、拼多多、抖音等。

二、开设网店

（一）注册店铺

因不同电商平台开店细节不同，详细开店步骤以平台要求和提示为准。结合现有使用率较高的几个电商平台，总结操作步骤如下：

① 打开电商平台官网或APP，进行账号注册并登录；

② 进入"商家入驻"或"创作者服务中心"，点击"立即入驻""马上入驻""开通小店"等，根据页面提示进行下一步操作；

③ 选择店铺类型，如个人入驻、个体工商户、企业入驻、跨境商家、普通店、专营店、旗舰店等，每个平台店铺类型命名会有不同，填写或选择预售产品的品牌、类目等；

④ 查看平台入驻的资质要求或直接填写个人、联系人、企业信息，如名称、联系电话、邮箱等；

⑤ 根据平台要求上传个人、店铺的相关资料，如个人身份证、银行卡账号、营业执照、税务及财务信息，店铺的名称或标识等；

⑥ 资料上传结束，进行提交；

⑦ 确认平台提供的在线服务协议；

⑧ 等待平台对上传资料进行审核，若审核未通过根据要求进行修改并再次提交审核；

⑨ 审核通过，并缴纳保证金、年费等（每个平台缴纳款项不同）；

⑩ 完成入驻，即可开店。

具体操作步骤及操作内容，不同电商平台具体要求不同。

(二)产品上架

完成开店,店铺上线后进行店面装修及产品上架。每个电商平台具体上架操作步骤及流程不尽相同,可咨询相关平台完成。

(三)推广运营

若想让网店发展得更好,那么网店推广运营是一定要做的。随着网店数量的增加及整个社会线上销售的发展,实践总结出的运营推广方法也较多。

常用于推广的方法有如下两种:

(1)地推法

这个方法比较简单直接,常见的是在人流量较大的地方利用发传单或是扫码送礼品等方式,吸引一部分人下载关注网店二维码,但是后续效果其实不是很明显。

(2)软文推广

在各大自媒体平台发布一些关于网店店铺推荐的软文,这种方式在微信公众号上较为常见,也是较受欢迎的一种推广方式。为了吸引到流量和关注,软文内容要让读者感受到有价值,比如网店店铺的上新活动、优惠活动等。若在条件允许的情况下让营销大号帮忙推广,起到的效果会更好。

网店运营的方法也很多,目前常用的方法有如下三种:

(1)优化标题

优化标题这个是网店自身要做的。顾客在进入某一网店店铺之前,常规是通过搜索关键词来查询想要买的产品,这是一个主要的流量来源。因此,在产品的标题优化上一定要下足功夫。通过参考一些流量比较大的店铺,发现其常借助长尾词还有准确的关键热搜词进行标题叠加,从而达到标题的优化,也可关注他们产品的标题词来进行学习。提醒一点一定要注意违禁词,否则影响整个店铺的后期运营。

(2)店铺产品分类

店铺产品分类也很重要,将产品进行分门别类可以让进店的顾客直观、快速地找到需要购买的东西,增强客户的体验感,促进产生回头客。通过做好店铺内产品的分类,留住主动进入店铺的顾客,提高店铺的转化率,增加店铺的销量。

(3)橱窗推荐

商家店铺有橱窗推荐的功能,通过使用橱窗推荐功能,使顾客进入店铺即可看到相关产品,也让使用了该功能的产品更容易被顾客搜索到。很多顾客就是被第一眼橱窗推荐的产品所吸引而进行购买。这同样也增加了顾客逛店的兴趣。

各大电商平台均有营销中心、商家中心等提供多种营销推广渠道及方式,商家也可通过聘请专业团队进行店铺的推广运营。

(四)店铺活动申报

通过电商平台进入营销中心或卖家中心等,于营销类别中选择营销推广或联合营销,进入报名活动选项;点击可参加的活动,查看报名资质及活动规则,满足条件即可报名参加。各个电商平台操作细节不同,可查阅平台说明或向平台进行具体的咨询。

三、网店的运营评估及决策

运营评估主要看数据分析。"生意参谋"是近年来使用较多的店铺经营状况的数据分析平台,通过"生意参谋"可以了解店铺的用户流量状况、转化率、成交量、销售额以及和同行业商品的对比情况等。

"生意参谋"可作为剖析自己店铺、诊断自己店铺的重要依据。为了获得更好的销售业绩,需要随时监控各类数据指标,通过数据可视化分析直观了解店铺经营状况,及时发现店铺在运营过程中的状况、趋势、规律、问题,快速地制订出响应方案,来提高店铺客流量、转化率、下单数、成交额等。

第三节 花卉的售后服务

一、线上指导

(一)QQ、微信线上指导

通过电话、QQ、微信开展售后服务,以开通热线或视频的方式接受人们的花卉养护咨询，进行在线诊断。

（二）微信公众号、小程序指导

微信公众号内增添绿植养护知识模块，展示花材养护信息与营销方式，既能够适应用户需求，增强用户黏性，又能增加用户和平台的互动，但存在延时、体验感稍差等问题。微信小程序主要面向花卉产品生产、养护与修剪、病害防护等服务，页面切换无需刷新，体验流畅，便于传播。

二、设立花卉门诊

指专门为家庭花卉养护提供专业服务的机构。许多家庭养花者常因缺乏相应知识，又无法获得专业指导，导致养殖失败。基于此，很多企业、平台（如花医生APP，图7-1、图7-2）、大型植物园（如上海辰山植物园，图7-3）等，根据社会需求，设立"花卉门诊""养护咨询"等线上或电话热线服务渠道，解决大众的花卉养护难题，进行病虫害诊断、植株抢救等。设立"花卉门诊"等，既可提高花卉企业或平台的知名度，完善售后服务，增加花卉销售量，又能解决大众购买花卉担心不会养护的后顾之忧，使人们在购花的同时也能学到养花的知识，提高养花兴致，形成市场的良性循环。

图7-1　花医生APP对花卉的诊断（一）

第七章 花卉的销售

图 7-2　花医生 APP 对花卉的诊断（二）

图 7-3　上海辰山植物园的线上养花指导

【本章知识结构图】

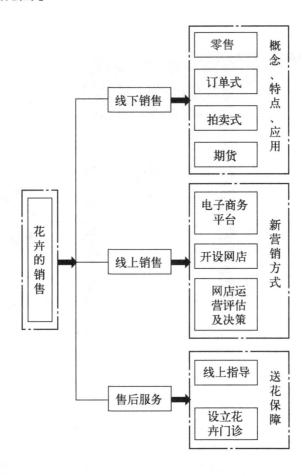

【练习题】

一、名词解释

零售销售、订单式销售、拍卖式销售、期货销售、电子商务平台、花卉门诊。

二、问答题

1. 简要回答花卉零售的概念、特点和应用领域。
2. 简要回答花卉订单式销售的概念、特点和应用领域。
3. 简要回答花卉拍卖式销售的概念、特点和应用领域。
4. 简要回答花卉期货销售的概念、特点和应用领域。

5.怎么在电子商务平台上开设网店？请简述流程。

6.花卉的售后服务有哪些方式？各有哪些优缺点？预测一下今后花卉售后服务的发展趋势。

7.请简要回答"花卉门诊"的优缺点，分析它是否能长期存在下去。

生产实训八
花卉的销售

一、目的要求

1.掌握在目前常用电子商务平台上入驻商铺的方法。

2.会用线上平台销售花卉产品，并取得一定的销售业绩。

3.体验线下销售花卉产品过程，掌握一定的营销技巧。

二、材料用具和实训地点

1.材料用具

盆花、切花、干花、绢花、塑料花、花肥、农药、栽培基质、花卉生产工具等。

2.实训地点

当地花卉市场、花卉生产基地和企业，也可线上销售。

三、方法步骤

① 以小组方式，入驻电子商务相关平台，建立销售产品资料库，美化销售主页。

② 以小组方式，进入花卉市场、花卉生产基地或企业，体验线下销售过程。

③ 统计销售业绩，分析线上和线下销售的特点、存在问题，提出补救措施。

④ 总结经验。

四、作业

根据销售实训过程,完成下列表格。

销售方式	产品种类	销售量	销售特点	销售感受

参考文献

[1] 包满珠.花卉学［M］.北京：中国农业出版社，2016.

[2] 陈俊愉."二元分类"——中国花卉品种分类新体系［J］.北京林业大学学报，1998（02）：5-9.

[3] 陈林.园林花卉［M］.重庆：重庆大学出版社，2015.

[4] 陈耀华.中国花卉产业发展现状、存在问题及解决途径初步研究［D］.南京：南京农业大学，2007.

[5] 谷颐.几种温室花卉的特殊繁殖方法［J］.北方园艺，2005（06）：77.

[6] 郭小辉.云南花卉产业发展分析及对策研究［D］.云南：昆明理工大学，2010.

[7] 韩留福，唐伟斌，刘伟.花卉植物叶的扦插繁殖［J］.北方园艺，2001（06）：60.

[8] 黄金凤.园林植物识别与应用［M］.南京：东南大学出版社，2015.

[9] 贾丽.中国大百科全书［M］.北京：中国大百科全书出版社，2009.

[10] 赖清花.电商改变花卉供给结构［J］.经济论坛，2018（19）：222.

[11] 李名扬.园林植物栽培与养护［M］.重庆：重庆大学出版社，2016.

[12] 李宗艳，陈霞，林萍，等.花卉学［M］.北京：化学工业出版社，2014.

[13] 刘亚娜.荷兰花卉产品对中国市场的影响研究［D］.北京：对外经济贸易大学，2014.

[14] 刘燕.园林花卉学［M］.北京：中国林业出版社，2021.

[15] 刘玉艳.中国花卉市场分析［D］.北京：中国农业大学，2004.

[16] 鲁朝辉.插花与花艺设计［M］.重庆：重庆大学出版社，2022.

[17] 乔永旭，王桂兰，田立民，等.节能日光温室西伯利亚百合栽培技术［J］.北方园艺，2007（02）：140-141.

[18] 乔永旭，张永平，陈超，等.东方百合'索邦'诱导小鳞茎发生过程中的细胞学观察［J］.园艺学报，2009，36（7）：1031-1036.

[19] 乔永旭，张永平，陈超，等.简易设施盆栽红掌周年高效栽培技术［J］.北方园艺，2009（05）：51-52.

[20] 乔永旭，张永平，王桂兰，等.多肉植物'特玉莲'的芽诱导及缀化［J］.北方园艺，2022（05）：69-74.

[21] 乔永旭.低温处理过程中水杨酸对红掌叶片生理指标的影响［J］.东北林业大学学报，2010，38（02）：11-12，15.

[22] 秦新惠.无土栽培技术［M］.重庆：重庆大学出版社，2015.

[23] 郑桑梓. A 花卉企业跨境电商业务发展策略研究［D］. 云南：云南大学，2020.

[24] 孙立平. 园林植物识别与应用［M］. 重庆：重庆大学出版社，2015.

[25] 王红姝. 中国花卉产业发展研究［D］. 黑龙江：东北林业大学，2005.

[26] 王小菁. 植物生理学［M］. 北京：高等教育出版社，2019.

[27] 徐建明. 土壤学［M］. 北京：中国农业出版社，2021.

[28] 薛秋华. 园林花卉学［M］. 湖北：华中科技大学出版社，2015.

[29] 杨桂娟. 我国花卉业发展历程分析、现状解读及前景预测［D］. 北京：中国林业科学研究院，2005.

[30] 姚连芳. 名贵花卉组织培养工厂化育苗技术研究［D］. 陕西：西北农林科技大学，2005.

[31] 朱建宁，赵晶. 西方园林史［M］. 北京：中国林业出版社，2019.

[32] 左锋，曹明宏. 中国花卉国际竞争力的比较研究［J］. 世界农业，2005（09）：1-4.

[33] Zhang Y. Effects of timentin and other β-lactam antibiotics on callus induction, shoot regeneration, and rooting in *Anthurium andraeanum* Linden ex Andre［J］. In Vitro Cellular & Developmental Biology-Plant，2017（53）：219-225.

[34] Zhang H X, Wang G L, Qiao Y X, et al. Plant regeneration from root segments of *Anthurium andraeanum* and assessment of genetic fidelity of in vitro regenerates［J］. In Vitro Cellular & Developmental Biology-Plant，2021（57）：954-964.